Communication

全国信息通信专业咨询工程师继续教育培训系列教材

丛书主编 张同须 侯士彦

核心网架构与关键技术

吕红卫 冯征 吴成林 尹凤庆 刘为 甘邵华 曹韶琴

沈晖 吴英娜 彭宇 余永聪 王题 董育萍 著

CORE NETWORK
ARCHITECTURE
KEY TECHNOLOG

U0338565

人民邮电出版社

北 京

图书在版编目（ＣＩＰ）数据

核心网架构与关键技术 / 吕红卫等著. -- 北京：
人民邮电出版社，2016.7（2018.8重印）
全国信息通信专业咨询工程师继续教育培训系列教材
ISBN 978-7-115-41811-1

Ⅰ. ①核… Ⅱ. ①吕… Ⅲ. ①移动网－继续教育－教
材 Ⅳ. ①TN929.5

中国版本图书馆CIP数据核字(2016)第089416号

内 容 提 要

本书由固定电话网、移动核心网、IMS 核心网、信令网、智能网、同步网六部分组成，重点介绍近年来核心网等专业领域引入的新技术，同时为保证完整性，涵盖核心网网络架构等内容。第一部分为固定电话网，主要介绍 PSTN 的等级结构、固网智能化、软交换技术，以及 PSTN 向 IMS 的演进。第二部分为移动核心网，主要介绍 2G/3G/4G 核心网、PCC 系统体系架构、接口与协议、网络组织及关键技术等。第三部分为 IMS 核心网，主要介绍 IMS 技术特点、体系架构、网络架构及网络演进趋势。第四部分为信令网，主要介绍 TDM/IP 承载的 No.7 信令、基于 IP 的 H.248 / Megaco 信令、BICC 信令、SIP-T(I)信令、SIP 信令、Diameter 信令的功能、组网结构等。第五部分为智能网，主要介绍固定智能网、GSM/CDMA 移动智能网的体系架构、发展与演进。第六部分为同步网，主要介绍时钟同步网、时间同步网的网络架构、节点设置等。

本书是全国信息通信专业咨询工程师继续教育培训系列教材的交换网络部分，也可作为通信行业广大管理人员、技术人员及其他从业人员的参考学习资料。

- ◆ 著　　　　 吕红卫　冯　征　吴成林　尹凤庆　刘　为
　　　　　　 甘邵华　曹韶琴　沈　晖　吴英娜　彭　宇
　　　　　　 余永聪　王　题　董育萍
　　责任编辑　牛晓敏
　　责任印制　彭志环

- ◆ 人民邮电出版社出版发行　　北京市丰台区成寿寺路 11 号
　　邮编　100164　　电子邮件　315@ptpress.com.cn
　　网址　http://www.ptpress.com.cn
　　北京虎彩文化传播有限公司印刷

- ◆ 开本：700×1000　1/16
　　印张：7　　　　　　　　　　 2016 年 7 月第 1 版
　　字数：141 千字　　　　　　　2018 年 8 月北京第 4 次印刷

定价：42.00 元
读者服务热线：(010)81055488　印装质量热线：(010)81055316
反盗版热线：(010)81055315

全国信息通信专业咨询工程师继续教育培训系列教材

编 委 会

陈　勋　中国联通网络技术研究院规划部主任

《信息通信市场业务预测与投资分析》编写组副组长

曾石麟　广东省电信规划设计院有限公司北京分院技术总监

《信息通信市场业务预测与投资分析》编写组副组长

沈艳涛　中国移动通信集团设计院有限公司有线所咨询设计总监

《光通信技术与应用》编写组副组长

王　云　广东省电信规划设计院有限公司综合通信咨询设计院副院长

《光通信技术与应用》编写组副组长

魏贤虎　江苏省邮电规划设计院有限责任公司网络通信规划设

计院副院长

《光通信技术与应用》编写组副组长

陈崴嵬　中国联通网络技术研究院网优与网管技术研究部主任

《无线通信技术与网络规划实践》编写组副组长

曾沂粲　广东省电信规划设计院有限公司电信咨询设计院院长

《无线通信技术与网络规划实践》编写组副组长

单　刚　华信咨询设计研究院有限公司副总工程师

《无线通信技术与网络规划实践》编写组副组长

甘邵华　中讯邮电咨询设计院有限公司郑州分公司交换与信息部总工程师

《核心网架构与关键技术》编写组副组长

彭　宇　华信咨询设计研究院有限公司移动设计院副院长

《核心网架构与关键技术》编写组副组长

余永聪　广东省电信规划设计院有限公司电信咨询设计院总工程师

《核心网架构与关键技术》编写组副组长

丁亦志　中国移动通信集团设计院有限公司网络所高级咨询设计师

《数据与多媒体网络、系统与关键技术》编写组副组长

倪晓熔　中国移动通信集团设计院有限公司网络所资深专家

《IT 支撑系统与关键技术》编写组副组长

刘希禹　中讯邮电咨询设计院有限公司原电源处总工程师

《通信电源供电及节能技术》编写组副组长

程劲晖　广东省电信规划设计院有限公司建筑设计研究院副院长

《通信电源供电及节能技术》编写组副组长

序　言

作为曾在邮电通信战线战斗过的老兵，受通信信息专业委员会之邀为全国信息通信专业咨询工程师继续教育培训系列教材作序，欣然之情溢于言表。

2015 年 8 月，中国工程咨询协会启动了咨询工程师继续教育，这是工程咨询行业的一件大事，对于加强咨询工程师队伍建设，完善咨询工程师职业资格制度，促进工程咨询业健康可持续发展将发挥重要作用。

工程咨询是以技术为基础，综合运用多学科知识、工程实践经验、现代科学和管理方法，为经济社会发展、投资建设项目决策与实施全过程提供咨询和管理的智力服务。作为工程咨询的从业人员，咨询工程师需要具备广博、扎实的经济、社会、法律、技术、工程、管理等领域的理论知识和实践经验。随着我国经济社会的快速发展和改革开放的不断深入，国家及地方投资建设领域新的政策、法规、规范标准不断出台，工程咨询相关领域的新理论、新技术、新方法层出不穷，这些都要求咨询工程师努力适应日新月异的形势和市场变化，与时俱进，不断学习、掌握、了解各类新事物，为经济社会发展和各类投资主体提供更优质的、专业化的服务。

为配合行业继续教育的开展，中国工程咨询协会通信信息专业委员会以高度负责的精神，组织通信信息全行业的专家、精英，倾力编写出通信信息专业咨询工程师继续教育培训系列教材，内容全面、充实，反映了通信信息行业在技术、投资咨询等领域最新发展成果和未来发展趋势，对提高通信信息专业咨询工程师专业素质和能力必将起到积极作用。在此我对通信信息专委会和参与编写教材的专家学者表示衷心的感谢，对你们所取得的成果表示祝贺。

　　咨询工程师队伍的素质和能力，决定着工程咨询的质量和水平，以及工程咨询业在经济社会发展中的地位。希望全国广大咨询工程师牢固树立终身教育的理念，积极参加继续教育，不断提高自身素质和能力，努力把工程咨询业发展成为学习创新型行业，真正成为各级政府部门和各类投资主体的智库和参谋。

中国工程咨询协会会长

2016 年 1 月

前　言

为建立健全咨询工程师（投资）职业继续教育教材体系，满足通信专业咨询工程师参加继续教育的需要，受中国工程咨询协会委托，中国工程咨询协会通信信息专业委员会组织编写了全国信息通信专业咨询工程师继续教育培训系列教材。该教材作为通信行业咨询工程师继续教育的专业培训用书，为本行业咨询工程师参加继续教育培训提供了必要的帮助。

全国信息通信专业咨询工程师继续教育培训系列教材共分 7 册：《信息通信市场业务预测与投资分析》、《光通信技术与应用》、《数据与多媒体网络、系统与关键技术》、《核心网架构与关键技术》、《IT 支撑系统与关键技术》、《无线通信技术与网络规划实践》、《通信电源供电及节能技术》。本系列教材丛书出自通信行业各类专家之手，既有较深入的技术探讨，也有作者多年的最佳实践总结。课程内容紧密结合了工程咨询业务的实际需要，从体现更新知识、提高职业素质和业务能力的原则出发，尽量使教材内容具有一定的前瞻性，突出了内容的新颖和实用，平衡了基础知识与新技术更新方面的内容比例，使课程内容做到与公共课程的衔接，避免了内容重复交叉，且结合本专业特点对公共课相关内容加以细化、深化和延伸。

本系列教材的编写从起草到修编历时 6 年，历经国家相关政策的多次调整，在行业专业委员会各委员单位和行业专家的积极推动和鼎力支持下，终于出版了。广大通信行业咨询设计从业人员藉此有了一个更便捷的学习平台。在此我们要感谢中国工程咨询协会和中国通信企业协会通信建设分会相关领导和同志们的关心与指导，还要特别感谢所有参编单位的大力支持！他们是：中国移动通信集团设计院有限公司、广东省电信规划设计院有限公司、中讯邮电咨询设计院有限公司、江苏省邮电规划设计院有限责任公司、华信咨询设计研究院有限公司。

为传播优秀经验，推广创新技术，我们与人民邮电出版社合作出版此系列教材，希望此教材能为行业从业人员在职业生涯发展上提供一定的帮助与支持，为我国信息通信行业的大发展做出更大的贡献！

再次感谢积极组织、参加教材编写的各位领导和专家，感谢您们长期以来对中国工程咨询协会通信信息专业委员会广大会员的支持与关爱。相信在大家的共同努力下，我国信息通信事业的发展会取得更大的进步！

张同颂

中国移动通信集团设计院有限公司

中国工程咨询协会通信信息专业委员会

2016 年 1 月

目　录

第1章
固定电话网

固定电话网是为固定电话用户提供业务的网络，最早建设的固定电话网采用的是电路交换技术，即 TDM 电话网。随着 IP 技术的发展，电话网中引入了软交换技术，固定电话运营商逐渐用软交换电话网替代传统的 TDM 电话网。本章将分别介绍这两种网络技术，其中将传统的 PSTN 归入 TDM 电话网范畴。

1.1 TDM 电话网

1.1.1 PSTN 概述

公众交换电话网（Public Switched Telephone Network，PSTN），是以电路交换为信息交换方式，主要提供话音业务的通信网，也可提供传真等低速数据业务。

PSTN 网由传输系统、交换系统、用户系统和信令系统 4 部分组成，按所覆盖的地理范围划分，PSTN 可分为本地电话网、长途电话网。可提供的业务分为基本业务、承载业务和补充业务。

1.1.2 PSTN 组网结构

1.1.2.1 组网原则

通信网络需按一定的网络结构来组网，网内设置的各类交换中心（节点）需互联并遵循一定的路由规则互通，经济、合理、高效、优质地疏通用户之间的话务，可采用无级架构和等级架构方式。国内的电话网通常采用等级架构，其等级设置主要依据交换中心间的话务流量、流向，传输成本及运营管理模式等因素。

目前国内 PSTN 基本由本地电话网、长途电话网构成，通常采用三级结构，由本地端局 / 汇接局、省际交换中心（DC1）和地市级交换中心（DC2）组成，如图 1-1 所示。

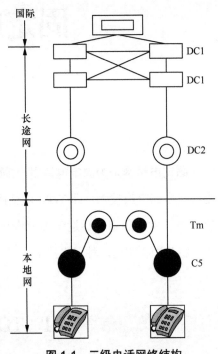

图 1-1　三级电话网络结构

1.1.2.2 本地电话网

本地电话网简称本地网，是由端局（或者由端局和汇接局）、局间中继线、用户线以及话机所组成的网络。本地网用来疏通本地长途编号区范围内，任何两个用户间的本地电话呼叫和用户的长途来去话业务。

本地网内通常设置端局（LS）和汇接局（Tm）。端局通过用户线和用户相连，其职能是负责疏通本局用户的去话和来话话务。汇接局与所管辖的端局相连，以疏通这些端局间的话务；汇接局还与其他的汇接局相连，疏通不同汇接区端局间的话务。根据需要，汇接局还与长途交换中心相连，用来转接本汇接区的长途话务。

本地网组网结构可依据本地网规模、端局数量来确定，一般有两种结构：网状网结构和两级网结构。

网状网结构下所有端局均互联，端局之间设置直达电路，如图 1-2 所示，这种网络结构适用于本地网内端局较少的情况。当端局数量较多时，仍采用网状网结构将导致局间中继线数量急剧增加，不利于网络稳定和维护管理，宜采用汇接方式，即把本地网分为若干个汇接区，在汇接区内设置汇接局，管辖本汇接区内的端局，端局间的话务通过汇接局转接，构成两级本地电话网，如图 1-3 所示（图中所示为去话汇接、来话全覆盖方式）。在这种架构下，当某两个端局间的话务量较大时，也可根据需要设置直达中继（图中未表示）。

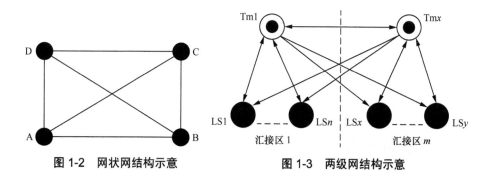

图 1-2　网状网结构示意　　　　图 1-3　两级网结构示意

1.1.2.3　长途电话网

目前国内各运营商的 PSTN 长途电话网采用两级结构，如图 1-4 所示，分为省际层面和省内层面。其中省际层面设置的长途交换中心以 DC1 表示，其职能是汇接所在省的省际长途来去话话务，以及所在本地网的长途终端话务（兼有 DC2 的功能）；省内层面设置的长途交换中心以 DC2 表示，其职能是汇接所辖本地网的长途终端来去话话务。

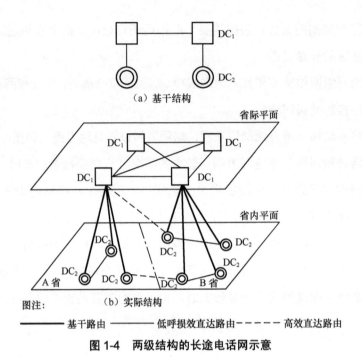

（a）基干结构

省际平面

省内平面

图注：　　　　　　（b）实际结构

━━━ 基干路由　　━━━ 低呼损效直达路由━━━━━ 高效直达路由

图1-4　两级结构的长途电话网示意

不同省（直辖市）的DC1以网状网相互联接，与本省各地市的DC2以星型方式连接；本省各地市的DC2之间以网状或不完全网状相连，同时辅以一定数量的直达电路与非本省的DC1相连。

1.1.3　固网智能化

1.1.3.1　概述

固网智能化是指通过对传统PSTN结构的优化、资源的整合、节点设备的升级和改造、新技术的引入以及管理流程优化等手段来实现网络优化、网元智能化、新业务提供的目标。

固网智能化将在PSTN网内设置集中用户数据库，使用户的业务号码独立于交换局，并对交换机适当改造使之具备访问该数据库获取用户信息和重新路由接续的能力，实现基于用户属性的新型增值业务。集中设置的用户数据库称为 SHLR（Smart HLR，智能用户数据库），有时也称为 SDB（Subscriber Database，用户数据库）。SHLR 只提供基于用户属性触发业务的能力，具体业务仍需要智能网或其他增值业务平台配合提供。

SHLR 主要存储的用户信息包括：①号码信息，包括用户的业务号码和物理号码，用于实现号码携带类业务；②增值业务签约信息，标明用户签约了哪些增值业务；③网络属性信息，标识用户属于哪个网络。随着电话网络的发展，SHLR 还可能存储用户当前的位置信息和鉴权信息。

固网智能化引入后，可提供的业务主要分为以下三大类。

（1）基于用户属性触发的业务，包括移机不改号、预付费、彩铃、一号通等。

（2）号码携带类业务，包括移机不改号业务、混合放号业务等。

（3）与号码管理相关的增强业务，利用 SHLR 号码管理功能，对现有业务功能进行增强，提供更好的服务，如集中停复机业务等。

1.1.3.2　固网智能化改造

固网智能化改造主要是建设 SHLR 来实现用户属性集中管理，改造后的 PSTN 业务路由方式有以下两种。

（1）端局＋汇接局代理访问 SHLR 模式

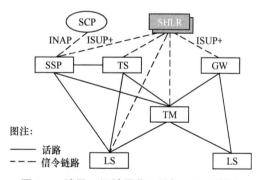

图 1-5　端局＋汇接局代理访问 SHLR 模式

如图 1-5 所示，端局＋汇接局代理访问 SHLR 模式是指各交换局（端局、汇接局、长途局、关口局）及 SSP 均可访问 SHLR 获取主、被叫用户的号码信息或业务接入码，然后继续进行后续的业务触发或接续。本地或长途主叫话务由发端局访问 SHLR；长途被叫话务由长途局访问 SHLR；外网呼入的话务由关口局访问 SHLR；当端局、长途局或关口局不支持 ISUP 改造时，可采用汇接局代理方式，由汇接局辅助该交换机访问 SHLR。

这种模式适用于尚未采用全汇接结构的网络，其优点是本地网网络结构和话务路由基本不需改变，缺点是需对所有的交换局进行改造。

（2）汇接局完全访问 SHLR 模式

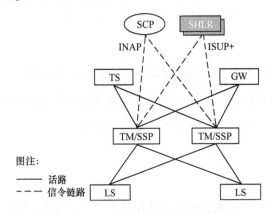

图 1-6　汇接局完全访问 SHLR 模式

如图 1-6 所示，汇接局完全访问 SHLR 模式是指所有话务经汇接局汇接，由汇接局访问 SHLR 获取主、被叫用户的号码信息或业务接入码，然后继续进行后续的业务触发或接续。

这种模式的优点是只需对汇接局进行协议改造和增加呼叫重新选路程序，缺点是要求本地网采用全汇接结构，且端局的局内呼叫也需强制出局到汇接局，经汇接局访问 SHLR 后，再接续回端局，造成路由迂回。

1.2　软交换电话网

软交换（Softswitch）概念是 20 世纪 90 年代后期在 IP 电话的基础上逐

步发展起来的，是在通信网由窄带向宽带过渡，由电路交换向分组交换演进的过程中逐步完善的，其继承了电信网集中控制的架构和可靠的信令技术，采用分层架构实现呼叫控制和媒体处理相分离。

1.2.1　软交换电话网的体系架构

软交换网采用业务、控制和承载相分离的体系架构。从网络层次上，软交换网可以分为接入层、承载层、控制层和业务应用层，如图1-7所示。

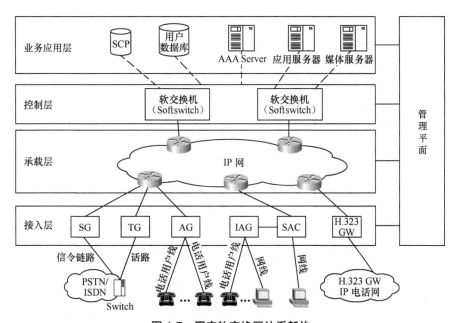

图1-7　固定软交换网体系架构

软交换架构中各层功能。

（1）接入层：提供丰富的接入手段，负责将各类用户连接到软交换网，并将信息格式转换成能够在分组网络上传递的信息格式。

（2）承载层：负责软交换网络内各类信息由源到目的地的传送，通常为基于IP的分组承载网。

（3）控制层：提供呼叫控制和路由解析等功能，支配网络资源。

（4）业务应用层：提供软交换网络各类业务所需要的业务逻辑、数据资源及媒体资源。

1.2.2　软交换网的组成及节点功能

软交换网由软交换机（SS）、中继网关（TG）、信令网关（SG）、接入网关（AG）、综合接入设备（IAD）、软交换业务接入控制设备（SAC）、应用服务器（AS），Web 服务器、媒体服务器（MS）、用户数据库（SDB）、应用网关、网络边界点（NBP）等节点以及连接这些节点的 IP 分组承载网组成。

软交换网各类节点的主要功能如下。

SS：位于软交换网的控制层，主要完成呼叫控制、媒体网关接入控制、资源分配、协议处理、路由、认证、计费等主要功能，并可以向用户提供各种基本业务和补充业务。

TG：位于软交换网的接入层，跨接在电路型网络和软交换网络之间，负责 TDM 中继电路和分组网络媒体信息之间的相互转换。

SG：位于软交换网的接入层，跨接在 No.7 信令网与 IP 网之间的设备，负责对 No.7 信令消息进行转接、翻译或终结处理。

AG：位于软交换网的接入层，直接连接用户终端和接入网设备，实现用户侧语音、传真信号和分组网络媒体信息的转换。

IAD：位于软交换网的接入层，用于将用户语音、数据及视频等应用综合接入到软交换网中。

SAC：位于软交换网的接入层，用于接入软交换网中不可信任的设备以及软交换网与 Internet 的互通，具备信令流和媒体流的代理功能，以及安全防护和媒体管理等功能，配合软交换网核心设备实现用户管理、业务管理，配合 IP 承载网实现 QoS 管理。

AS：位于软交换网的业务应用层，是软交换网中向用户提供各类增值业务的设备，负责增值业务逻辑的执行、业务数据和用户数据的访问、业务的计费和管理等，它能够通过 SIP 或 INAP 控制软交换设备完成业务请求，通过 SIP/H.248/MGCP 控制 MS 提供各种媒体资源，或通过软交换控制 MS。

MS：位于软交换网的业务应用层，提供基本和增值业务中的媒体处理功能，包括 DTMF 信号的采集与解码、信号音的产生与发送、录音通知的发送、会议、不同编解码算法间的转换等各种资源功能以及通信功能和管理维护功能。

Web 服务器：位于软交换网的业务应用层，向用户提供各种 Web 页面，使用户能够通过 Web 页面使用基于 Web 的业务，但并不提供具体的业务逻辑，而是将用户所点击的链接的相关信息发送给 AS 或应用网关。

SDB：位于软交换网的业务应用层，负责对软交换用户和软交换终端进行认证、鉴权、密钥分发和管理，并保存和软交换用户相关的网络位置信息以及和用户相关的业务属性信息。

应用网关：位于软交换网的业务应用层，用于向 AS 和 / 或第三方服务器提供开放的、标准的接口，以方便业务的引入，并提供统一的业务执行平台。它提供 AS 的初始接入、注册和发现等功能，对第三方应用服务器还提供认证和授权功能。

NBP：跨接在软交换网和其他运营商基于 NGN 的网络之间，实现软交换网与其他运营商基于 NGN 的网络特别是其他运营商的软交换网络之间的互通。

软交换网提供的本地业务包括基本业务、补充业务和增值业务。基本业务和补充业务宜由 SS 负责提供，增值业务应由应用服务器或第三方提供。还可通过软交换网与 PSTN/ISDN、PLMN、H. 323 网和智能网等的互通，向软交换网用户提供基本业务、补充业务和增值业务。

1.2.3　各节点间接口及采用的协议

软交换网接口如图 1-8 所示，协议见表 1-1。

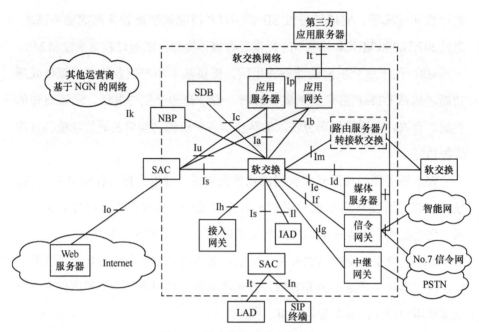

图 1-8　软交换网内节点间接口

表 1-1　采用的主要协议

序号	应用协议	应用接口
1	SIP	Ia 接口、Ib 接口、Ii 接口、In 接口、Is 接口
2	SIP-T 或 SIP-I	Id 接口、Im 接口
3	SIGTRAN 协议	If 接口、Ij 接口
4	H.248 或 MGCP	Ie 接口、Ig 接口、Ih 接口、Ii 接口、Il 接口、Is 接口、It 接口
5	PARLAY API、JAIN 等协议	Ip 接口、Ir 接口
6	采用扩展 MAP	Ic 接口

1.2.4　组网结构

　　软交换网通常分为省际、省内两级，其中省际软交换网由 SS、TG 和 SG 等节点组成，负责转接省际长途业务；省内软交换网原则上不再分层，由 SS、TG、SG、AG、IAD、SAC、MS、AS、SDB 等节点组成，负责提供本地业务接入、转接本地及省内长途业务。软交换网内各网元之间通过 IP 承载网相连。

1.3　向IMS的演进

IP 多媒体子系统（IMS）最早是由第三代移动通信合作计划（3GPP）在 R5 版本提出的，并在后续版本 3GPP R6 版本进行了完善和扩充。IMS 的详细描述见第 3 章。

以 IMS 为核心的网络架构将成为固定和移动融合（FMC）的目标架构，对于固定网而言，现有的软交换将向 IMS 演进，演进的路径主要有以下三种，目前国内运营商主要采用第三种。

路径一：软交换升级为 IMS 的接入或互通网元；即新建 IMS 域，现网软交换升级为 IMS 域的 AGCF、MGCF、SGF，用于实现 PSTN 用户与 IMS 用户间的互通。

路径二：软交换升级为 IMS 的核心网元；即将现网软交换网网元升级为 IMS 域相关网元，在继承现有固网软交换所有业务的同时，逐步实现移动和多媒体业务的接入。

路径三：软交换和 IMS 并存，IMS 逐步替代软交换；即新建 IMS 域，同时保持现有软交换网不动，与 IMS 长期并存；在并存期间，软交换网络业务逐渐向 IMS 迁移，软交换网络自然萎缩退网。

思 考 题

1. 目前 PSTN 网络结构分为几级？请具体说明各级组成。

2. 列举汇接局的几点功能，至少两项。

3. 固网智能化引入 SHLR 最主要的目的是什么？

4. 固网智能化改造有哪几种模式？

5. 列举固网智能化改造后可支持的业务种类。

6. 简述软交换的功能分层结构。

7. 简述软交换向 IMS 演进有哪几种途径。

第2章
移动核心网

2.1 2G/3G 核心网

2.1.1 GSM/WCDMA/TD-SCDMA 核心网

GSM 是 ETSI（3GPP 组织机构成员）制订的数字移动通信标准，是一种基于电路交换型的技术，相对于第一代的模拟移动通信，GSM 被称为第二代移动通信技术（简称 2G）。GSM 系统主要提供电路型话音和低速数据业务，对于数据业务而言，GSM 网络实际上主要起到调制解调器的作用，最高速率只有 9.6kbit/s，无法满足高速率数据业务的发展需要。为了解决在移动网中传送高速数据业务的需求，在 GSM Phase2+ 阶段引入了分组无线业务（General Packet Radio Service，GPRS）网络，采用分组方式传送数据业务。

随着视频、多媒体、移动互联网业务的发展和智能终端的普及，2G 网络已不能满足用户的业务需求，为此 3GPP 引入了第三代移动通信（简称 3G）技术标准；在 2G 核心网基础上引入了一些新技术，可后向兼容 2G。3GPP 的 3G 标准包含 WCDMA 和 TD-SCDMA（由我国提出）两种技术制式。

这两种制式的主要区别在于无线接入网侧，核心网则采用相同的架构和技术，核心网电路域和分组域分别由 GSM 核心网和 GPRS 核心网演进而来。目前，国内外移动运营商大多采用 2G/3G 核心网融合组网方式。

3GPP 标准定义的 3G 版本包括 R99、R4、R5、R6 和 R7。其中 R99 版本引入了 3G 核心网架构，R4 版本引入了电路域软交换架构，在 R5 版本引入 IP 多媒体子系统（IMS 域）。在随后的版本中根据业务需求，逐步引入了一些更新的技术，但架构上未做改变，如图 2-1 所示。

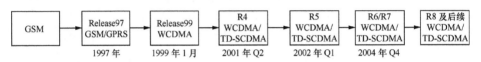

图 2-1　3GPP 标准定义的 3G 版本演进

考虑到目前国内运营商均采用 R4 版本建设 3G 核心网，且与 2G 核心网融合。因此，本节简要介绍 GSM/GPRS 核心网的基本架构，重点介绍基于 R4 版本的 GSM/WCDMA/TD-SCDMA 核心网。IMS 域详细内容见第 3 章 IMS 核心网。

2.1.1.1　GSM/GPRS 核心网

（1）GSM *核心网*

① 体系架构及功能实体

标准定义的 GSM 系统由无线接入网和核心网组成。其中 GSM 核心网由移动交换中心（MSC）、移动关口局（GMSC）、拜访位置寄存器（VLR）、归属位置寄存器（HLR）、鉴权中心（AUC）、设备识别寄存器（EIR）等功能实体组成。在实际组网中，MSC 与 VLR 综合设置在同一物理实体中，HLR 与 AUC 综合设置，GMSC 则可与 MSC 综合设置也可单独设置。GSM 核心网内网元间的信令接口如图 2-2 所示，除 B 接口一般为内部接口外，其他接口均为 No.7 信令接口，采用的信令规程为 MAP、ISUP 或 TUP，基于 2Mbit/s 或 64kbit/s 数字接口。

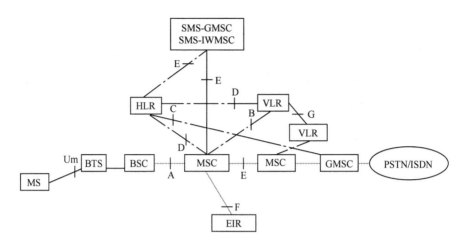

图 2-2　GSM 系统体系结构

MSC/VLR：主要完成用户移动性管理、呼叫控制和处理功能，兼有 VLR 的功能；完成话路建立、维持和释放功能；同时，MSC 还负责对呼叫进行计费；另外，在支持智能网业务的情况下，MSC 还需具备 SSP 功能，与 SCP 之间通过 CAP 通信。

GMSC：作为与其他运营商的 PSTN/PLMN 网的互通点，其功能与 MSC 类似，区别是 GMSC 不需具备移动性管理功能，不与无线网连接，不需要具备 VLR 功能。

HLR/AUC：是移动通信网中用户数据中心，负责用户签约数据、位置信息的存储和管理，与 MSC/VLR 和 SGSN 配合，完成网络对用户的鉴权。

②组网结构

从业务覆盖范围角度，GSM 核心网一般分为移动业务本地网、省网及全国网，移动业务本地网的范围原则上与长途区号为二位、三位的固定本地电话网的范围一致，省网由省内多个移动业务本地网组成，全国网则由各省网组成。

GSM 核心网内的节点设置通常采用等级结构，有二级、三级两种结构，如图 2-3 所示。

采用三级结构的 GSM 核心网由一级移动业务汇接中心（TMSC1）、二级移动业务汇接中心（TMSC2）、移动端局（MSC）和移动关口局（GMSC）组成。其中，MSC 和 GMSC 设置在移动业务本地网内，TMSC2 设置在省内汇接节点，TMSC1 设置在大区中心或省会城市。

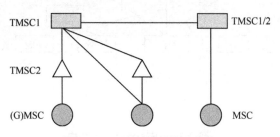

图 2-3　GSM 核心网网络结构

采用二级结构的 GSM 核心网由一级兼二级移动业务汇接中心（TMSC1/TMSC2）、移动端局和移动关口局（MSC 和 GMSC）组成。其中，MSC 和 GMSC 设置在移动业务本地网内，TMSC1/2 设置在省会城市。

（2）GPRS 核心网

① 系统架构和功能实体

GPRS 是在现有 GSM 网上叠加的分组无线业务网络，通过采用信道编码技术，提高了 16kbit/s 空中无线信道中用户数据的传送带宽；通过手机终端与网络配合实现的对多信道的绑定，提高了用户数据传送带宽；通过在一条空中无线信道中实现多用户数据的复用，克服了独占无线信道资源的缺点，提高了无线信道的利用率。理论上，GPRS 可提供高达 171kbit/s 的空中接口速率。GPRS 系统架构如图 2-4 所示。

GPRS 核心网由新增的 GSN 节点以及 GSM 网中的 HLR 构成，其中 GSN 节点间基于 IP 互联。新增的 GSN 节点包括服务 GPRS 支持节点（SGSN）、网关 GPRS 支持节点（GGSN）、计费网关（CG）、边界网关（BG）、域名解析服务器（DNS）。

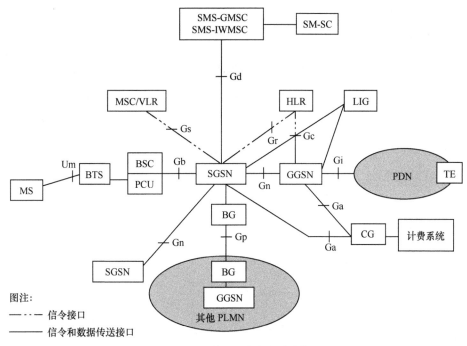

图 2-4 GPRS 系统体系结构

SGSN：主要实现网络接入控制、移动性管理、路由选择和转发、无线资源管理等功能，同时，SGSN 还作为 GPRS 网络的一个计费点，负责话单的产生和输出等功能。

GGSN：主要实现路由选择和分组的转发功能，实现用户 PDP 上下文激活、去激活的会话管理功能；实现用户数据管理功能，存储、修改和删除移动用户 PDP 上下文内容；实现接入外部数据网相关功能。作为计费点，负责话单的产生和输出等功能。

CG：主要实现对 SGSN、GGSN 计费点生成的话单进行采集、存储、合并等功能，同时支持与计费中心间传送话单。

BG：实现与其他运营商 GPRS 间的互通。

DNS：实现 SGSN 和 GGSN 的 IP 地址解析。

GPRS 系统在 GSM 系统的基础上增加了一些接口，包括基于 No.7 信令协议互通的 Gr 接口、Gs 接口、Gd 接口、Gc 接口，以及基于 IP 互通的 Gn

接口、Gp 接口、Gi 接口、Ga 接口。

② 组网结构

GPRS 核心网通常采用二级网络结构，由 GPRS 全国骨干网和 GPRS 省网组成。GPRS 全国骨干网由骨干 DNS、骨干 GGSN、BG 组成，负责为各 GPRS 省网之间的通信提供 IP 骨干传输，提供 GPRS 网与其他 PLMN GPRS 网的互联以实现网间漫游；省网由 SGSN、GGSN、DNS、CG 组成，负责业务接入和疏通。

GPRS 核心网省网网络结构及与其他运营商 GPRS 网络互通方式如图 2-5 所示。

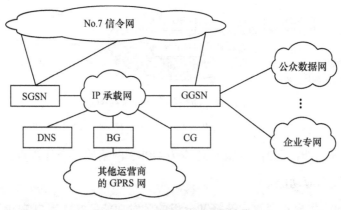

图 2-5　GPRS 核心网组网结构

2.1.1.2　WCDMA/TD-SCDMA 核心网

（1）网络体系结构

① R99 版本

R99 是 3GPP 标准化 3G 网络的第一个阶段，其网络结构如图 2-6 所示。

R99 版本 3G 核心网分为电路域（CS）和分组域（PS），WCDMA/TD-SCDMA 核心网电路域由 MSC/VLR、GMSC 组成，分组域由 SGSN、GGSN、CG、DNS 组成，HLR/AUC、EIR 为电路域和分组域共用。

R99 版本核心网与 GSM、GPRS 核心网的区别如下。

- MSC/VLR、SGSN 与无线接入网间接口分别采用基于 ATM 承载技术的 Iu-CS、Iu-PS 接口；

- 升级了 GSM/GPRS 核心网内的 MAP 版本；

- R99 版本 3G 网络支持用户使用 USIM 卡，网络与 USIM 卡用户之间采用"五元组"鉴权；相较于 2G 网络 SIM 卡的"三元组"鉴权，增加了"用户对网络的鉴权"功能。

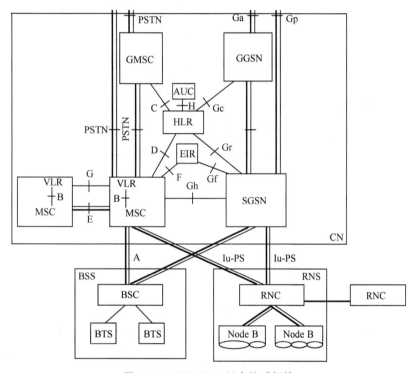

图 2-6   3GPP R99 版本体系架构

从以上区别可看出，除与无线网的接口外，R99 版本与 GSM/GPRS 核心网架构基本无差别，本节不再详细介绍。

② R4 版本

R4 版本是 3GPP 标准化 3G 网络的第二个阶段，其网络结构如图 2-7 所示。

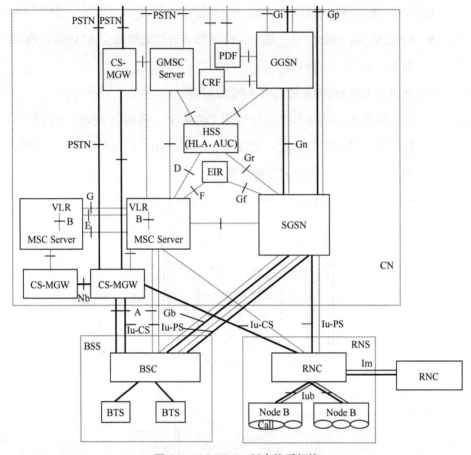

图 2-7　3GPP R4 版本体系架构

　　R4 版本后向兼容 R99 网络，分组域网络组织结构基本保持一致，核心网与无线接入网间的 Iu-CS 和 Iu-PS 接口的底层承载依然采用 ATM 技术，网络和用户终端间依然采用 USIM 卡的"五元组"鉴权。R4 版本与 R99 版本网络的区别如下。

- 电路域引入了基于软交换的控制和承载分离构架，即（G)MSC/VLR 由（G)MSC Server 和（G)MGW 组成，核心网电路域内部的网络组织由传统的 TDM 承载变为 IP 承载；

- 电路域支持 TrFO 技术，从而减少语音编解码次数，提高话音质量。

（2）R4 版本核心网电路域

① 电路域功能实体

R4 版本核心网电路域采用控制与承载相分离的软交换架构，如图 2-7 所示，主要由（G）MSC Server/VLR、（G）MGW/SG、HLR/AUC 等功能实体组成，其中 MSC Server/VLR 和 MGW/SG 替代 2G 网中的 MSC/VLR；GMSC Server 和 GMGW/SG 替代 GMSC。此外，为了 BICC 信令组网的需求，网中还需设置 CMN（Call Mediation Node，呼叫媒介节点）。

MSC Server/VLR：主要完成用户移动性管理功能和呼叫控制、处理功能，兼有 VLR 功能，通过 MAP 与 HLR 通信，完成对用户的移动性管理，获得被叫用户 MSRN 后完成路由分析，控制 MGW 完成呼叫的建立、维持和释放；同时，MSC Server 还负责对呼叫进行计费；另外，在支持智能网业务的情况下，MSC Server 还需具备 SSP 功能，与 SCP 之间通过 CAP 通信。MSC Server 可通过现有 MSC 升级来实现。

MGW：主要完成媒体流信息的承载，在 MSC Server 的控制下，将 RNC 发送来的用户媒体流信息在核心网电路域内传送，并最终发送给相应的 RNC；同时 MGW 还具备 SG 功能，负责透传 RNC 与 MSC Server 之间的 RANAP 信令消息。MGW/SG 一侧连接 RNC，另一侧通过承载网连接其归属的 MSC Server 以及其他 MGW。

HLR/AUC：负责用户签约数据和位置信息的存储和管理，其基本功能与 2G HLR 基本相同，但是在用户鉴权等方面有了较大的提升，可通过对 2G HLR/AUC 的升级来实现。

GMSC Server/GMGW：GMSC Server 控制 GMGW 实现与 PSTN/ 其他运营商网络互通，GMSC Server 与 MSC Server 相同的是均需要完成呼叫控制和处理功能，不同的是 MSC Server 需处理与 RNC 之间的 RANAP 信令，而 GMSC Server 需处理与 TDM 交换机之间的 MISUP/ISUP/TUP 信令；另外，GMSC Server 不需要具备移动性管理功能。

SG 主要完成 No.7 信令消息的适配，将 TDM 承载适配为 IP 承载的信令消息，SG 一般与（G)MGW 综合设置。

CMN 主要完成 TMSC 的功能，负责疏通未设置直达 BICC 信令链路的 MSC Server 之间的话务；CMN 具备被叫号码分析功能，实现 BICC 信令在 MSC Server 之间的传递；与 TMSC 不同，CMN 不负责任何承载面媒体网关的资源控制。

② 电路域相关接口协议

● 核心网与无线接入网间接口协议

R4 核心网 MSC Server/VLR、MGW 与无线接入网 RNC 之间的接口为 Iu-CS 接口，包括信令面和媒体面两部分。

Iu-CS 信令面：RNC 通过 MGW 内置的 SG 与 MSC Server 之间采用 RANAP 通信。RNC 与 MGW 之间底层承载采用 ATM 协议，接口协议栈为 RANAP/SCCP/MTP3-B/AAL5/ATM；MGW 内置的 SG 完成底层传输协议的适配，并对高层的 RANAP 进行透明转发。

Iu-CS 媒体面：RNC 与 MGW 之间的用户媒体流信息，底层采用 ATM 协议承载，接口协议栈为 Iu-UP/AAL2/ATM。

● 核心网网元间接口协议

Mc 接口：（G)MSC Server 与（G)MGW 之间的接口，实现（G)MSC Server 对（G)MGW 的控制，只有控制信令，不包含用户媒体流信息，采用 H.248 协议，底层基于 IP 承载。Mc 接口可以承载在 SCTP/IP 上，也可以承载在 UDP/IP 上。

Nc 接口：MSC Server 之间的接口，完成 MSC Server 间与承载无关的呼叫的建立、控制和释放，采用 BICC 信令协议，底层基于 IP 承载，可以承载在 M3UA/SCTP/IP 上，也可直接承载在 SCTP/IP 上。

Nb 接口：MGW 之间的接口，完成业务媒体流的疏通，底层采用 IP 承载。媒体流信息承载在 RTP/UDP/IP 上；承载控制信令信息承载在 Q.1970/SCTP/IP 上，经过 Mc—Nc—Mc 接口传送。

SG 与 MSC Server 之间的接口：该接口为信令接口，采用 Sigtran 协议，用于完成 No.7 信令消息底层传输协议的转换。SG 连接 TDM 一侧采用标准的 No.7 信令，在 R4 网络内侧，Sigtran 协议底层采用 IP 承载。

MSC Server 与 HLR 之间的接口：该接口为 No.7 信令接口，采用 MAP。3G 基本沿用了 2G 的 MAP，但在用户鉴权等方面进行了较大的扩展。底层可采用 TDM 或 IP 承载方式。

MSC Server 与 SCP 之间的接口：该接口为 No.7 信令接口，采用 CAP。

③ 组网结构

R4 版本的核心网电路域采用软交换架构，基于 IP 承载，媒体层面扁平化组网，即（G）MGW 间通过 IP 承载网网状互联；信令层面则可采用扁平或汇接组网架构，其中在本地 / 规模较小的省内层面可采用扁平组网方式，MSC Server 经 IP 承载网直接互通；规模较大的省内及省际间则可采用汇接结构，在网中设置 CMN，负责长途呼叫的信令转接。

采用汇接结构时，有二级和三级两种结构，如图 2-8 所示。

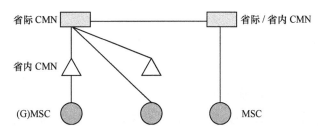

图 2-8　BICC 信令汇接结构示意

采用三级结构时，由省际 CMN、省内 CMN 及信令点组成，省内 CMN 设置在省内汇接节点，省际 CMN 设置在大区中心或省会城市。

采用二级结构时，由省际兼省内 CMN、信令点组成。其中 CMN 设置在省会城市。

（3）R4 版本核心网分组域

① 架构及功能实体

R4 版本核心网分组域基本沿用了 GPRS 核心网网络架构，如图 2-4 所示。仍由 SGSN、GGSN、DNS、CG、BG 等网元组成。SGSN 负责用户的接入，

GGSN 提供用户与外部数据网（如 Internet）的接口，CG 负责计费信息的处理和存储，BG 作为与其他运营商网络互通的关口，与 GPRS 的主要区别如下。

- SGSN 需支持与 3G 无线接入网之间的 Iu-PS 接口；
- HLR 中用户签约的数据业务速率进一步提升；
- GGSN 需支持各用户 PDP 上下文更高速率的传输。

② 相关接口协议

- 核心网分组域与无线接入网间的接口协议

SGSN 与无线接入网 RNC 之间的接口为 Iu-PS 接口，包括信令面和媒体面两部分。

Iu-PS 信令面：RNC 与 SGSN 之间采用 RANAP 通信。RANAP 与 2G 网中 BSC/PCU 与 SGSN 之间的 BSSGP 的功能相对应。RNC 与 SGSN 之间的底层承载采用 ATM 协议，接口协议栈为 RANAP/SCCP/MTP3-B/AAL5/ATM。

Iu-PS 媒体面：RNC 与 SGSN 之间的用户数据信息，底层采用 ATM 协议承载，接口协议栈为 GTP-U/UDP/IP/AAL2/ATM。

- 核心网分组域设备之间的相关接口协议

Gn/Gp 接口：SGSN 与 GGSN 间以及 SGSN 与 SGSN 间的接口，传送信令消息和用户数据，采用基于 UDP/IP 的 GTPv1 隧道协议。SGSN 可以将用户的无线网接入类型通过 GTPv1 隧道协议中的 RAT 参数传送给 GGSN。

Gr 接口：SGSN 与 HLR 间的接口，采用 No.7 信令的 MAP。

其他 Gs、Gd、Gc、Gi、Ga 接口基本与 GPRS 核心网相同。

- R4 核心分组域较 GPRS 网的增强技术

GTP 格式改变。由原来的 20B 固定长度的格式改为 8 ～ 12B 可变长度的格式，并增加了扩展字头功能。此外，整个 GTP 字头的比特分配也发生了较大改动，去除了流标志等字段。

利用隧道端点标识 TEID 取代隧道标识 TID。用于标识传送 PDP 上下文用户数据和信令的隧道。与 TID 相比，TEID 与 IMSI 和 NSAPI 没有固定的对应关系，只是由接收端指定的一个隧道端点标识，在相应的信令消息中告知对端，令其在发送相关数据或信令时使用该 TEID 所标识的隧道。

QoS 增强。GPRS 对分组数据业务所定义的 QoS 参数和要求比较复杂，不便于实施。3G 核心网分组域将其所要支持的各种业务分成 4 大类，分别考虑其 QoS 要求及保证机制。但在 QoS 相关的协商和修改业务流程上，与 GPRS 基本相似。

（4）R4 以后版本引入的技术

① 电路域引入技术

3GPP R4 版本以后的标准对核心网电路域架构未做改动，仍采用承载与控制相分离的软交换架构，但在 R5 版本引入了 MSC Pool 技术，改进了核心网与无线网间的组网方式，另外随着 IP 技术的发展，网络各层面向 IP 承载方式演进，包括核心网内及核心网与无线网间。

● MSC Pool 技术

3GPP R4 版本以前的核心网与无线网之间采用树型组网，即一个 RNC/BSC 上连到一个核心网控制节点，当该核心网节点出现故障，则其控制的无线覆盖区业务全部中断。为了解决这个问题，3GPP R5 版本中引入了"池区"（Pool Area）的概念，多个核心网节点组成一个区域池，RNC/BSC 与 Pool 内的所有核心网节点均相连，形成"多对多"的网络拓扑。在 Pool 内的每个 RNC/BSC 都可以受控于池内所有的核心网络节点，每个核心网络节点都同等地服务"池区"内所有 RNC/BSC 覆盖的区域，连接到 RNC/BSC 的终端用户可以注册到池中的任意一个核心网络节点。采用 Pool 结构的网络，通过一定的算法，可实现 Pool 内多个网元负荷分担。

MSC Pool 部署，可克服移动网中业务"潮汐效应"，提高核心网设备资源利用率；当 MSC Pool 内的某一个 MSC Server 出现故障时，用户将会被自动分配至 Pool 内正常工作的 MSC Server，由 Pool 内正常工作的 MSC Server

自动接管业务，实现网络容灾备份，提高网络安全可靠性。

- Iu-CS 接口 IP 化

在 3GPP 标准中，核心网电路域与无线网间的 Iu-CS 接口采用 ATM 协议。随着 IP 技术的发展，网络向 IP 演进已成为趋势，Iu-CS 接口也将采用 IP 承载方式，以简化核心网与无线接入网之间的物理电路连接组织。

Iu-CS 接口 IP 化后的组网方式分信令和媒体流两个层面。其中信令面可采用 RNC 直接与 MSC Server 通过 IP 网相连；或 RNC 与 MGW 通过 IP 网相连，由 MGW 兼作 IP STP，完成信令的汇聚后，再转发给 MSC Server。媒体面则由 RNC 与 MGW 通过 IP 网直接相连。

② 分组域引入的技术

3GPP R7 版本及 R7 版本之前的标准对核心网分组域架构未做改动，但也引入一些新技术，以适应技术和业务发展需要，包括无线接口 IP 化和 DT 技术的应用；R8 版本则在分组域引入了控制与承载分离的架构。

- Iu-PS 接口 IP 化

标准规定 WCDMA/TD-SCDMA 核心网的 Iu-PS 接口采用 ATM 接口承载。随着 IP 技术发展，可演进至 IP 承载，以简化核心网与无线接入网之间的物理电路连接组织，缓解 SGSN 设备资源的不足，提高设备利用率。

Iu-PS 接口的 IP 化，仅仅是改变了底层承载，而对于高层消息，则没有改动。

- DT 技术

DT（Direct Tunnel）技术是为了优化分组域网络架构，减少媒体流转发节点数量。引入 DT 技术后，SGSN 只负责信令消息的处理，不再负责转发用户面的媒体流；RNC 在完成 PDP 激活后，直接将用户面的媒体流信息通过 GTP 直接送至 GGSN。

引入 DT 技术要求 Iu-PS 接口采用 IP 接口，且 Iu-PS、Gn 承载在同一 IP 承载网。

● 控制与承载分离架构

R8 版本在分组域引入控制与承载分离架构，将 SGSN 演进为 SGSN+S-SW，SGSN 与 S-GW 之间采用 S4 接口，GGSN 演进为 P-GW，S-GW 与 P-GW 之间采用 S5/S8 接口，HLR 演进为 HSS。

对于 2G 业务，BSC/PCU 仍采用 Gb 接口将信令和用户媒体送至 SGSN，SGSN 完成信令处理，并将用户媒体 IP 数据包送至 S-GW，S-GW 再将用户媒体 IP 数据包送至 P-GW，由 P-GW 送至外部 IP 数据网。

对于 3G 业务，RNC 与 S-GW 之间增加了 S12 接口，RNC 将信令通过 Iu 接口送至 SGSN，SGSN 选择并控制 S-GW 为用户建立 PDP，RNC 将用户媒体 IP 数据包通过 S12 接口直接送至 S-GW，S-GW 再将用户媒体 IP 数据包送至 P-GW，由 P-GW 送至外部 IP 数据网。

SGSN 与 HSS 之间采用基于 IP 的 Diameter 信令协议的 S6d 接口。SGSN 之间采用 S16 接口，仍由基于 IP 的 GTP 承载。

2.1.2　CDMA/cdma2000 核心网

cdma2000 技术是第三代移动通信技术之一，其相关标准是由 TIA 标准组织负责编制，在 TIA 标准中的规范称为 IS-2000。cdma2000 标准被称为 cdma2000family，它包含一系列子标准。

cdma2000 由 cdmaOne 演进而来，演进途径如图 2-9 所示。

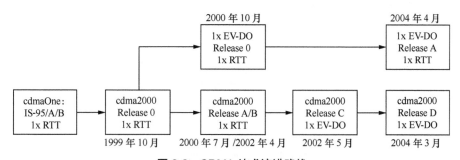

图 2-9　CDMA 技术演进路线

演进各阶段特点如下。

IS-95 阶段：cdmaOne 是由 3GPP2 标准定义的，根据版本发展的不同，cdmaOne 分为 IS-95 A 和 IS-95 B 两个版本。IS-95 定义了 CDMA 网络架构，只包含电路域，负责提供语音和窄带数据业务，未定义分组域来提供数据业务。

cdma2000 1x 阶段：在 IS-95 的基础上升级空中接口，可在 1.25Mbit/s 带宽内提供 307.2kbit/s 高速分组数据速率。相对于 IS-95，cdma2000 1x 阶段引入了移动分组域，同时电路域引入了软交换架构。

cdma2000 EV-DO 阶段：也称为 cdma2000 1x 增强型，cdma2000 EV-DO 阶段主要是分组域的能力增强，电路域保持不变。

2.1.2.1　IS-95 CDMA 核心网

（1）**体系架构**

IS-95 CDMA 网络属于窄带 CDMA 系统，由 3 个独立的子系统组成，移动台（MS）、基站子系统（BSS）和网络交换子系统（NSS），如图 2-10 所示。

MS：用来在用户端终接无线信道，为用户提供接入网络业务的能力。

基站子系统（BSS）：是设于某一地点、服务于一个或几个蜂窝小区的全部无线设备及无线信道控制设备的总称。主要包括集中基站控制器（BSC）和若干个基站收发信机（BTS）。

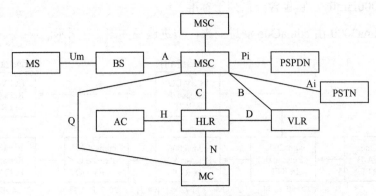

图 2-10　CDMA 系统结构模型

移动交换中心（MSC）：是完成对位于它所服务区域中移动台进行控制、业务交换的功能实体，同时负责蜂窝网与其他公用交换网或其他 MSC 之间的话务接续。

归属位置寄存器（HLR）：是存储指定用户身份等相关信息的功能实体，存储的信息包括用户信息，如 ESN、IMSI（MIN）、服务项目信息、当前位置、批准有效的时间段等。HLR 可以与 MSC 合设，也可以分设。合设时 C 接口变为内部接口。

拜访位置寄存器（VLR）：是 MSC 作为检索信息用的位置登记器。VLR 通常与 MSC 合设，合设时 B 接口变为内部接口。

鉴权中心（AC）：是管理移动台相关鉴权信息的功能实体，AC 可以与 HLR 合设，也可以分设。合设时，H 接口变为内部接口。

消息中心（MC）：完成 MS 的短消息存储 / 转发及短消息的业务功能，向 HLR 查询路由信息，并向 MS 所在拜访 MSC 转发短消息。

（2）组网结构

从业务覆盖范围角度，IS-95 核心网组网结构和 GSM 电路域的组网结构类似，一般分为移动业务本地网、省网及全国网，节点设置通常采用等级结构，有二级、三级两种结构。

（3）2G 向 3G 的网络演进

CDMA 2G（IS-95）可基于电路域提供数据业务，但数据速率较低且不灵活，不能提供具有不同服务质量等级的业务，无法向一个用户同时提供多种数据业务。相对于 IS-95，cdma2000 标准中新增了移动分组域，可提供高速移动数据业务。移动分组域网络包含分组控制功能（PCF）、分组数据服务节点（PDSN）、归属代理（HA）和认证、计费、鉴权（AAA）等网络实体。

从 IS-95 演进到 cdma2000 1x，需新增分组域，原有的电路交换部分引入了软交换架构。

2.1.2.2　cdma2000 1x核心网

（1）网络架构

根据不同网络实体的功能定位，可将 cdma2000 1x 系统各个功能实体划分为若干个组，如图 2-11 所示，包括核心网电路域、核心网分组域、短消息中心、无线智能网、WAP、定位等部分。

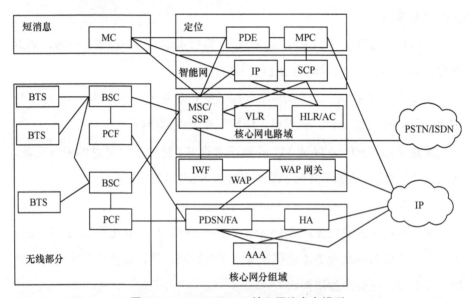

图 2-11　cdma2000 1x 核心网络参考模型

核心网电路域：为移动用户提供传统的基于电路交换技术的服务，如话音业务、电路数据业务等，并提供这些服务所必需的呼叫控制、用户管理、移动性管理等功能。

核心网分组域：为移动用户提供基于 IP 技术的分组数据服务，可以采用加密或不加密的方式登录企业内部网，并获得服务；也可以登录外部互联网上的互联网服务提供商（ISP），从 ISP 处获取各种服务，同时提供这些服务所必需的路由选择、用户数据管理、移动性管理等功能。

短消息中心：为无线网络用户提供与短消息业务相关的服务，包括短消息业务的存储、转发、合成、分解等。

无线智能网：CDMA 系统的智能网在 ITU 标准的基础上作了增强，称为无线智能网（WIN），它是基于 CS2 制订的。无线智能网部分能够为用户提供各种附加业务和增值业务。

WAP：通过 WAP 网关提供给用户接入 IP 网络的方式。

定位：基于位置的业务是移动通信系统的一个关键性特色业务。CDMA 系统能够采用多种定位技术为用户提供位置信息等服务。

（2）cdma2000 1x 电路域

cdma2000 1x 核心网电路域中，分为传统电路域和移动软交换电路域两种。

① 传统电路域

传统电路域的功能实体主要包括移动交换中心（MSC）、拜访位置寄存器（VLR）、归属位置寄存器（HLR）和鉴权中心（AC）等。MSC、VLR、HLR 和 AC 等的功能与 IS-95 阶段对应功能实体类似。传统电路域的核心网中实现话音呼叫和功能的部分仍采用基于二代的核心网，对于话音类呼叫，采用基于电路交换的传输机制。

② 移动软交换电路域

移动软交换电路域是网络向全 IP 网络演进的第一步，它可与传统核心网并存，网络中支持基于 IP 的传输方式，支持采用更高传输效率的 TrFO/RTO 等功能。

移动软交换系统与传统的电路交换网络相比主要实现了控制和承载的分离，由控制平面和承载平面组成。其中控制平面主要完成各种呼叫控制，并负责相应业务处理信息的传送，承载平面主要完成各种媒体资源的传递和转换。软交换架构下的功能实体主要包括（G）MSC Server 和（G）MGW，其中 MSC Server 具有传统电路域系统中 MSC 的呼叫控制功能和移动性管理功能，一般与 VLR 实体合设，同时通过对 MGW 的控制来实现对呼叫的控制。GMSC Server 是指处于网间互通的位置的 MSC Server。GMGW 提供媒体控制功能，并提供传输资源，具有媒体流控制功能。

GMSC Server（GMSCS）和 MSC Server（MSCS）通过 39/xx 接口控制 MGW。GMSC Server 和 MSC Server 之间通过 zz 接口连接。MGW 之间通过 yy 接口连接。MSC Server 通过 A1/A1p 接口与接入网连接。

③ 接口和协议

cdma2000 1x 移动网络核心网电路域接口模型如图 2-12 所示。

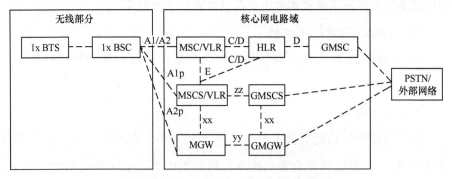

图 2-12　cdma2000 1x 电路域接口模型

A 接口：包括基站控制器与 MSC 之间的接口（A1/A2）、基站控制器与 MSC Server 之间的接口（A1/A1p）和基站控制器与 MGW 之间的接口（A2/A2p）。A1/A2 通常以 TDM 方式承载；A1p/ A2p 通常以 IP 方式承载。

C 接口：MSC 和 HLR 之间及 MSC Server 和 HLR 之间的接口。MSC、MSC Server 通过该接口向 HLR 查询被叫移动台的选路信息，以确定接续路由，并在呼叫结束时，向 HLR 发送计费信息。C 接口可为 TDM 方式或 IP 方式承载。

D 接口：为 VLR 和 HLR 之间的接口。该接口用于 VLR 和 HLR 之间传送有关移动用户数据，以及更新移动台的位置信息和选路信息。该接口可为 TDM 方式或 IP 方式承载。

E 接口：为 MSC 与 MSC 之间及 MSC Server（MSCS）与 MSC 之间的接口。该接口主要用于用户越局切换，保证用户在通话过程中，从一 MSC 的业务区进入到另一 MSC 业务区时，通信不中断。另外该接口还用于传送局间信令。该接口可为 TDM 方式或 IP 方式承载。

xx 接口：是 MSC Server（MSCS）与 MGW 之间的网关控制接口。该接口采用 IP 承载方式。

yy/zz 接口：是 MGW 之间的媒体承载接口，zz 接口是 MSC Server 之间的呼叫控制接口；zz 接口一般采用 IETF 定义的 SIP-I 作为呼叫控制协议，SIP-I 本身可基于 IP 承载；yy 接口采用 RTP 承载方式。

MGW 与 MSC 之间的媒体流接口：可为 TDM 方式或 IP 方式承载。

（3）cdma2000 1x **分组域**

为在 cdma2000 网络中向用户提供高速的分组型数据业务，3GPP2 在无线网络参考模型中引入了分组域功能实体，并定义了基于 IP 技术的网络接口。与 GSM 系统中的通用分组无线业务（GPRS）不同，cdma2000 系统并没有试图建立一套完整独有的分组数据系统结构，在分组域功能模型和接口设计的过程中，3GPP2 尽可能多地使用了 IETF 已经定义的协议，以便充分利用已有的标准资源。

从网络结构上看，cdma2000 1x 分组域与 cdma2000 EV-DO 基本一致，cdma2000 EV-DO 核心网主要侧重于分组域的发展，其核心网内部接口协议及其与外部 IP 网络之间的接口协议与 cdma2000 1x 基本一致，均遵从 cdma2000 无线 IP 网络标准中的有关规定。因此，本书关于 cdma2000 核心网分组域的介绍集中在 cdma EV-DO 章节，本章不再赘述。

（4）**组网结构**

cdma2000 1x 电路域的组网结构和 IS-95 类似，也是采用分级架构，二三级混合组网架构。分组域采用扁平化结构组网。

2.1.2.3 cdma2000 EV-DO 网络架构及功能实体

cdma2000 EV-DO 也称为 HRPD（High Rate Packet Data），在无线侧采用专用载波提供高速数据业务，分组域功能增强，电路域仍保持现状。

cdma2000 EV-DO 网络由分组核心网（Packet Core Network，PCN）、无线接入网（Radio Access Network，RAN）和接入终端（Access Terminal，

AT）三部分组成。

（1）分组核心网（PCN）架构

PCN 构成与 cdma2000 1x 类似，EV-DO 阶段引入 AN-AAA 网元，负责 EV-DO 无线侧的认证。

PCN 功能实体主要包括 PDSN 与 AAA/AN-AAA。AAA 分为三类：归属地 AAA（Home AAA，HAAA）、拜访地 AAA（Visited AAA，VAAA）及代理 AAA（Broker AAA，BAAA）。PCN 通过 A10/A11 接口或 R-P 接口与 RAN 进行通信。

为了接入到因特网，AT 必须获得一个 IP 地址。PCN 提供两种接入方法：简单 IP 接入和移动 IP 接入。两者之间的主要区别是 AT 获得 IP 地址及其数据分组路由转发的方法不同、协议参考模型不同。

采用简单 IP 接入时，接入业务提供者（Access Service Provider，ASP）在事先设定的网络域中为 AT 统一分配 IP 地址。如果支持 "Always-On"，那么 AT 可以保留已分配的 IP 地址，并在指定的网络域中生效。如果 AT 离开该网络域，则在新的网络域中必须重新分配 IP 地址，才能进行分组数据会话。简单 IP 下 PCN 的协议参考模型如图 2-13 所示。其中，P-P 是相邻 PDSN 之间的接口；Pi 是 PCN 与因特网之间的接口。

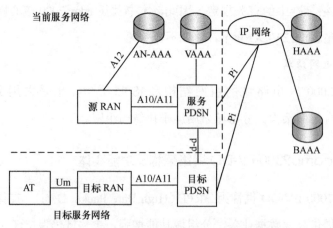

图 2-13　采用简单 IP 时 PCN 的协议参考模型

当采用移动 IP 接入时，AT 在全网保持固定的 IP 地址，由归属网络而非

ASP 为其分配 IP 地址。在移动 IP 情况下，PCN 的协议参考模型如图 2-14 所示。其中，FA 和 HA 分别执行外部代理和归属代理的功能；FA 功能可以由拜访地 PDSN 提供。

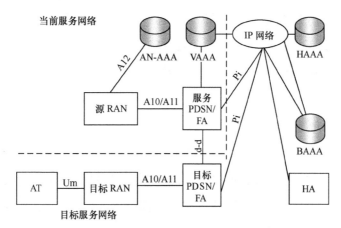

图 2-14 采用移动 IP 时 PCN 的协议参考模型

（2）分组核心网（PCN）的功能实体

● PDSN

在 cdma2000 1x EV-DO 网络中，PDSN 作为网络接入服务器（Network Access Server，NAS），主要负责与 AT 之间的 PPP 连接的建立、维持和释放；负责完成移动 IP 接入时的代理注册；负责转发来自 AT 或因特网的业务数据等功能。

在采用简单 IP 接入时，PDSN 负责为 AT 分配 IP 地址。在采用移动 IP 接入时，HA 为 AT 分配 IP 地址，PDSN 作为 FA 使用，负责实现 HA-IP 与 FA 的转交地址（Care-of Address，CoA）之间的绑定。

● FA

移动 IP 接入时，FA 提供的主要功能包括移动 IP 的注册、FA-HA 反向隧道（Reverse Tunneling）的协商以及数据分组的转发等。FA 通过 HA-FA 鉴权扩展支持移动 IP 注册，FA 为 AT 分配动态的转交地址 CoA，HA 为 AT 分配归属 IP 地址，并由 PDSN 负责实现 CoA 和归属 IP 地址的绑定（PDSN 提供 FA 的功能）。如果 FA 与 HA 之间协商了反向隧道，PDSN 根据地址绑定记录向 HA 转发来自 AT 的数据分组或向 AT 转发来自 HA 的数据分组。

- HA

HA 提供用户漫游时的 IP 地址分配、路由选择和数据加密等功能，负责将分组数据通过隧道技术发送给移动用户，并实现 PDSN 之间的宏移动（Macro Mobility）管理。HA 截获送往其所属 AT 的数据分组，然后通过隧道技术转发给 FA；当 FA 支持反向隧道时，HA 也可以接收 FA 送来的数据分组，然后解隧道封装，将数据分组转发给目的地。

- AAA

AAA 负责管理分组网用户的权限、开通的业务、认证信息、计费数据等内容。AAA 可以分为 VAAA、HAAA 和 BAAA 三类。

采用简单 IP 时，VAAA 向 HAAA 转发来自 PDSN 的用户鉴权请求；HAAA 执行用户鉴权，并返回鉴权结果，同时进行用户授权；VAAA 收到鉴权结果后，保存计费信息，并向 PDSN 转发用户授权。

采用移动 IP 时，VAAA 向 HAAA 转发来自 PDSN 的移动 IP 注册请求，HAAA 执行鉴权并返回 HA 的 IP 地址；如果 VAAA 与 HAAA 之间不存在安全联盟，则可以通过 BAAA 转发移动 IP 注册请求和响应消息。

- AN-AAA

AN-AAA 负责对 HRPD 终端进行接入鉴权，即使用基于 MD5 算法的 CHAP 认证过程。AN-AAA 分为 VAN-AAA 和 HAN-AAA 两类。

2.2　4G 核心网

2.2.1　EPC 网络体系架构

2.2.1.1　概述

为了向移动用户提供更高速率的 IP 数据业务服务，3GPP 组织制订了第四代移动通信（简称 4G）技术标准，并在 R8 版本正式引入。

4G 无线接入网采用 LTE 技术，包括 TD-LTE 和 LTE FDD 两种技术，不再区分话音业务信道和数据业务信道，采用统计复用的方式为移动用户传送 IP 数据业务。4G 核心网仅存在一个 EPC 分组域。

4G 网络主要是面向移动用户提供高速 IP 数据业务，语音业务则需要通过 EPC 接入 IMS 网络提供，或者需要终端接入或回落 2G/3G 核心网电路域提供。

EPC 支持 3GPP LTE 无线接入，也支持其他非 3GPP 的接入技术，例如 3GPP2 的 cdma2000，以及 Wi-Fi、WiMAX 等。

2.2.1.2　EPC 系统架构

EPC 核心网主要网元包括移动性管理实体（Mobility Management Entity，MME）、服务网关（Serving GateWay，S-GW）、分组数据网网关（Packet Data Network-GateWay，P-GW）、归属用户服务器（Home Subscriber Server，HSS）、策略和计费规则功能（Policy and Charging Rules Function，PCRF）等。无线侧接入网络部分为 E-UTRAN（Evolved-UTRAN，演进的 UTRAN），即 eNodeB（evolved Node B，演进的 Node B）和 UE，负责 LTE 用户的无线接入。如图 2-15 所示。

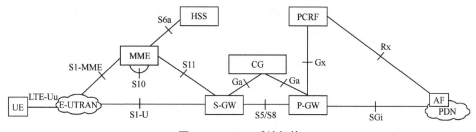

图 2-15　EPC 系统架构

2.2.1.3　网元功能

EPC 实现了控制面同用户面分离。EPC 中的信令处理部分称为 MME，数据处理部分包括 S-GW 和 P-GW，S-GW 和 P-GW 可分别独立设置，但通常合设为 SAE-GW。

MME：连接 eNodeB，负责控制平面的管理，主要功能包括寻呼消息发送、安全控制、Idle 态的移动性管理、承载管理以及 NAS 信令的加密及完整性保护等。

S-GW：连接 eNodeB，负责用户平面的传输，主要是负责用户 IP 数据包在 LTE 无线网与 EPC 核心网之间的转发，以及用户面数据的加密。

P-GW：连接外部 IP 数据网，负责用户平面的传输，负责用户 IP 数据包在 EPC 核心网与外部 IP 数据网之间的转发，主要功能包括用户 IP 地址分配、PCRF 选择、会话管理、路由选择和数据转发、QoS 控制、策略和计费执行（PCEF）、计费信息搜集等。

HSS：用于存储用户签约信息和鉴权数据，主要功能包括用户签约数据的管理、用户位置信息的管理、用户安全信息的管理、移动性管理、接入限制、静态 IP 地址分配和位置注册功能等。

PCRF：关联 LTE/EPC 为移动用户提供的 IP 承载资源，是用户 IP 承载资源以及 IP 数据流的策略与计费控制策略决策点，为 PCEF 选择并提供可用的策略和计费控制决策；可控制 EPC 核心网和 LTE 无线网，为用户提供 IP 数据业务服务的 QoS 等级，以及中断为用户的服务。

CG：负责收集 S-GW 生成的 SGW-CDR、P-GW 生成的 PGW-CDR，并生成计费文件传送给计费系统。

EPC DNS：负责 EPC 网络中 FQDN 格式的域名解析，需支持 NAPTR、SRV 和 A 记录解析，根据 APN、TAI、RAI、P-GW 主机名、S-GW 主机名、MME 主机名等解析出 P-GW、S-GW、MME 的 IP 地址。

2.2.2　网元间接口与协议

eNodeB 之间通过 x2 接口连接；eNodeB 与 UE 通过 Uu 接口连接。UE 通过 eNodeB 接入核心网使用业务。eNodeB 与 EPC 通过 S1 接口连接；S1

接口由 S1 用户面接口（S1-U）和 S1 控制平面接口（S1-MME）两部分组成。

S1-MME：该接口是 eNodeB 和 MME 之间的控制平面接口，用于控制 UE 和网络间的消息传送。该接口采用 S1AP，S1AP 提供的 E-UTRAN 和 EPC 间的信令业务，包括 E-RAB 管理功能、初始上下文传送功能、UE 能力提示、寻呼、UE 与 MME 之间的 NAS 信令传送功能、承载建立和释放功能、跟踪及位置报告功能等。该接口基于 S1AP/SCTP/IP 协议栈。

S1-U：该接口是 eNodeB 和 S-GW 之间的用户平面接口，提供 eNodeB 和 S-GW 之间的用户平面 IP 数据包传送，基于用户 IP 包 /GTP/UDP/IP 协议栈。

S5/S8：S5 接口是 S-GW 与 P-GW 之间的接口，提供 S-GW 与 P-GW 之间的用户面隧道和隧道管理功能。S8 接口是在用户漫游的时候，VPLMN 的 S-GW 和 HPLMN 的 P-GW 间的参考点，其功能与 S5 相同。基于 GTP/UDP/IP 协议栈。

S6a：该接口是 MME 与 HSS 之间的接口，用于用户移动性管理，采用 Diameter 信令协议；其功能类似于 2G/3G 分组域的 Gr 接口。

S10：该接口是 MME 之间的控制面接口，在 LTE 用户跨 MME 的 TAU、附着、切换时，用于 MME 之间的信息交互。基于 GTP/UDP/IP 协议栈。

S11：该接口是 MME 与 S-GW 之间的接口，用于 MME 控制 S-GW 为用户建立、修改、删除 IP 承载资源以及 S-GW 向 MME 传递 PCC 信息。基于 GTP/UDP/IP 协议栈。

SGi：该接口是 P-GW 和分组数据网络之间的接口，可以是公众网，也可以是运营商内部、企业内部的网络。

Gx：该接口是 PCRF 与 PCEF 之间的接口，用于计费控制、策略控制，可以把 PCRF 中的 PCC 策略提供给 PCEF，同时也能把业务平面的事件从 PCEF 传给 PCRF。基于 Diameter 信令协议。

Rx：该接口是 PCRF 和 AF 间的接口，用于外部 IP 数据网服务器向 PCRF 传递用户动态策略请求，例如 IMS P-CSCF 作为 AF，在 VoLTE 用户语音呼叫建立阶段请求 PCRF 在 EPC/LTE 网内为用户建立专用承载。基于

Diameter 信令协议。

Ga：该接口是 CG 与 S-GW 和 P-GW 之间的接口，用于传递 SGW-CDR 和 PGW-CDR。基于 GTP 协议栈。

2.2.3 EPC 组网结构

2.2.3.1 EPC 核心网内组网结构

EPC 网络由全国骨干网和省级网组成，骨干网网元主要有根 DNS、骨干 P-GW 以及 BG；省级网由 MME、SAE-GW（包括 P-GW、S-GW）、HSS、DNS、CG、PCRF 等网元组成，这些网元根据省内实际情况，可采用集中部署，或分区部署的方式。EPC 核心网所有网元间通过 IP 承载网互联。

2.2.3.2 EPC 网络与 2G/3G 核心网组网架构

（1）EPC 与 GPRS 网络间互操作

对于同时具备 2G/3G 网络与 4G 网络的运营商，存在用户在 2G/3G 网与 4G 网络之间的漫游和切换的场景。为了避免用户鉴权重同步的问题，HSS 应与 HLR 综合设置。

4G 用户漫游到 2G/3G 网络接入 SGSN 存在以下两种业务疏通方式。

方式一：SGSN 向 GPRS DNS 发起查询请求，通过 GGSN 为用户疏通数据业务；本方式不能支持用户从 2G/3G 至 4G 的切换。图 2-16 是方式一的互操作架构。

方式二：SGSN 识别用户使用的是 4G 终端后，向 EPC DNS 发起查询请求，通过 P-GW/GGSN 为用户疏通数据业务；本方式可支持用户从 2G/3G 至 4G 的切换。图 2-17 为方式二的互操作架构。

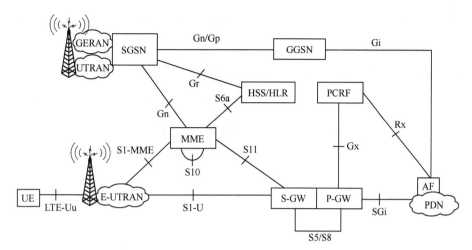

图 2-16　EPC 与 GPRS 网络的互操作架构（方式一）

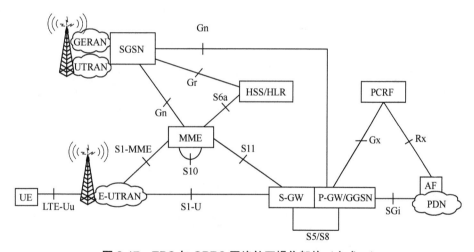

图 2-17　EPC 与 GPRS 网络的互操作架构（方式二）

　　3GPP R7 及之前版本的 GPRS 网，SGSN 与 MME、SGSN 与 P-GW 之间采用 Gn/Gp 接口互通；3GPP R8 及之后版本的 GPRS 网，SGSN 与 MME 之间采用 S3 接口互通，SGSN 与 S-GW 之间采用 S4 接口互通。

　　（2）EPC 与 eHRPD 的互操作

　　对于同时具备 CDMA/cdma2000 网络与 4G 网络的运营商，存在用户在 CDMA/cdma2000 网与 4G 网络之间的漫游和切换的场景。

　　cdma2000 EV-DO（HRPD）不支持与 EPC 的互操作；需升级至 eHRPD，

包括 BTS 软件升级支持 eHRPD、AN/PCF 升级至 eAN/ePCF，PDSN 升级为 HSGW（HRPD Serving Gateway，HRPD 服务网关）或新建 HSGW，新建 3GPP AAA 服务器，3GPP AAA 服务器通过 SWx 接口与 HSS 互通，提取用户认证信息和授权信息，完成对 eHRPD 接入用户的认证。HSGW 负责 eHRPD 接入用户的数据业务转发，与 P-GW 之间通过 S2a（PMIPv6）接口通信，支持用户在系统间的切换，包括传递和不传递 HSGW 上下文的两种切换模式。

EPC 与 eHRPD 网络互操作架构如图 2-18 所示。

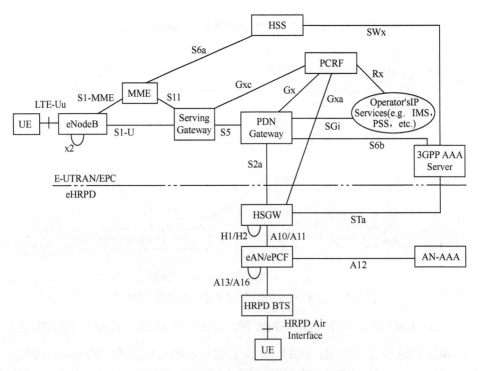

图 2-18　EPC 与 eHRPD 网络互操作架构

E-UTRAN 与 cdma2000 eHRPD 数据互操作主要有优化切换和非优化切换两种方案。非优化切换时长在 2～8s，不太适合对实时性要求高的业务；优化切换提供无损数据业务切换，切换时长在 1s 以内。优化切换需要 MME 与 eHRPD AN 之间开通 S101 接口，S-GW 与 HSGW 之间开通 S103 接口。

通常情况下终端在 LTE 网络附着，终端就利用 S101 接口完成 eHRPD 预注册，当终端检测到 LTE 信号弱而 eHRPD 信号良好，终端通过 S101 接口发起切换流程，同时在切换过程中通过 S103 传输下行数据。

2.2.4　4G 网络语音解决方案

语音业务是移动用户的基本业务，即使在 4G 时代也必不可少，但由于 LTE/EPC 网络架构中只有分组域，没有电路域，其提供语音业务的方式与 2G/3G 网络有所不同，且对于不同形式的 LTE 手机终端，语音业务实现方案也不同。目前 LTE 用户的语音业务解决方案有以下三种，分别适用于各种类型的 LTE 手机终端。

2.2.4.1　多模双待终端方案

该方案适用于多模双待 LTE 手机终端。LTE 手机终端支持 2G/3G/4G 多模，且能够同时附着在 2G/3G 网络和 4G 网络，对于数据业务，终端优先使用 4G 网络，对于语音业务和短消息业务，终端使用 2G/3G 网络电路域；运营商利用 2G/3G 电路域为 LTE 多模双待终端用户提供语音和短消息业务。

本方案要求运营商必须同时具备 4G 网络和 2G/3G 网络。

2.2.4.2　CS FallBack（CSFB）方案

该方案适用于多模单待 LTE 手机终端。并且要求 LTE 手机终端必须具备 CSFB 业务功能，称为 CSFB 手机终端。LTE 手机终端支持 2G/3G/4G 多模，但同时仅能够附着在 2G/3G 网络或 4G 网络，该方案要求运营商必须同时具备 4G 网络和 2G/3G 网络。

与 4G 共无线覆盖区的 2G/3G 电路域 MSC 需升级支持与 MME 之间的 SGs 接口，并支持 CSFB 和短消息业务流程；MME 也需升级支持 SGs 接口及 CSFB 和短消息业务流程。

LTE 手机终端接入 4G 网络后，MME 立即与无线共覆盖区的支持 SGs 接口的 MSC（简称 SGs MSC）之间通过 SGs 接口通信，完成用户在电路域的附着，2G/3G HLR 记录用户附着在 SGs MSC。LTE 手机用户的被叫语音业务，呼叫接续到 SGs MSC，SGs MSC 经 SGs 接口，通过 MME 在 4G 无线网寻呼用户，LTE 手机终端回落到 2G/3G 无线网响应电路域寻呼，SGs MSC 接通被叫。LTE 手机用户的主叫语音业务，MME 指示终端回落到 2G/3G 网络发起呼叫。短消息业务不需要终端回落到 2G/3G 网；MT 消息由 SGs MSC 经 SGs 接口通过 MME 发送给用户；MO 消息由 MME 经 SGs 接口发送到 SGs MSC，由 SGs MSC 发送到短信中心。

2.2.4.3　VoLTE 方案

该方案适用于 LTE 单模手机终端、多模单待 LTE 手机终端。并且要求 LTE 手机终端必须具备 VoLTE 业务功能，称为 VoLTE 手机终端。该方案要求运营商必须同时具备 4G 网络和 IMS 网络，并部署 PCC。

4G 网络为 VoLTE 手机提供接入 IMS 网络的 IP 承载通道，由 IMS 核心网和 IMS 业务平台为 VoLTE 用户提供语音业务和短消息业务。在语音业务呼叫建立阶段，4G 网络为用户建立专用承载，以保障语音业务质量，因此，要求 4G 网络必须部署 PCC 系统。

对于同时具备 2G/3G 网络与 4G 网络的运营商，在 4G 网覆盖不完善的情况下，为了满足用户语音业务的连续性，在用户通话过程中移动出 4G 无线网覆盖范围时，可采用 eSRVCC 技术，将 VoLTE 多模终端的语音业务切换到 2G/3G 电路域。为此，在 2G/3G 电路域需要部署 eMSC 设备，eMSC 与 MME 之间开通 Sv 接口；eMSC 与 IMS SBC 之间开通 IMS 的 Mw 和 Mb 接口。eSRVCC 流程为 4G 无线网向 MME 发起向 2G/3G 网切换的请求，MME 通过 Sv 接口将切换请求发送给 eMSC，eMSC 通知切换目标 MSC 准备好切换资源后，指示 MME 允许用户切换，同时向 IMS SBC 发起呼叫建立请求，要求 IMS 将本端呼叫从 EPC 网络切换到 eMSC；eMSC 连通用户切换后的目标 MSC 与 IMS SBC，完成用户语音业务的切换。

对于同时具备 2G/3G 网络与 4G 网络的运营商，允许 VoLTE 多模终端用户在 2G/3G 网使用话音业务，需要解决被叫 MSISDN 号码在 IMS 域和电路域的域选择问题，以及现有 2G/3G 话音业务继承、紧急呼叫等技术难题。

2.3 PCC 系统

2.3.1 概述

2G/3G 分组域、4G 网络为用户的 IP 数据包传送提供透明的 IP 通道，其 QoS 保障通常仅限于 ARP（用户优先级）、GBR（保障带宽）、MBR（最大带宽）等简单机制。PCC 系统构建在 2G/3G 分组域、4G 网络之上，能够提供基于用户等级、接入方式、接入位置、接入时间、累计流量、业务应用内容等多维度、细颗粒的 QoS 保障或限制；使 2G/3G 分组域、4G 网络成为智能 IP 管道，为用户提供差异化服务和计费。

PCC 的策略管控仅在 2G/3G/4G 无线网和核心网范围内有效，不能管控 Gi/SGi 接口流出的 IP 数据包。

2.3.2 系统架构及主要网元

PCC 系统架构如图 2-19 所示。

PCC 系统中的主要网元功能如下。

PCRF：负责生成 PCC 策略规则，并控制 PCEF 在用户 IP 承载通道执行相应的 QoS。在用户 APN 的 PDP/ 承载通道建立阶段，PCRF 收到

PCEF 的 PCC 请求后，通过 Sp 接口访问用户归属的 SPR，获得用户签约的 PCC 业务数据，调用相应的 PCC 策略规则，并通知 PCEF 执行相应的 QoS 管控。

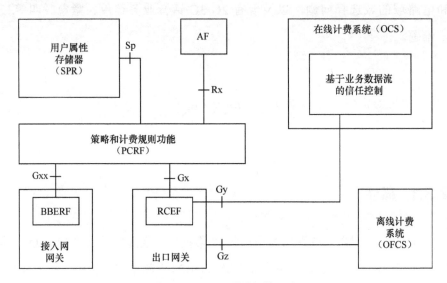

图 2-19　PCC 系统架构示意

PCEF：负责执行 PCC 策略的实体，在 2G/3G 网络中是 GGSN/PDSN，在 4G 网络中是 P-GW。在用户 APN 的 PDP/ 承载通道建立阶段，PCEF 执行 PCC 流程，通过 Gx 接口向 PCRF 发起 PCC 请求，并根据 PCRF 的指示执行相应的策略管控。例如，PCC 策略中要求对于用户访问运营商合作网站的流量提速至 2Mbit/s，则 PCEF 需要对用户的所有 IP 数据包进行 DPI 监测，对于匹配到运营商合作网站的流量进行带宽保障。

AF：外部数据网中的 PCC 实体，与 PCRF 通过 Rx 接口通信，实现对用户的动态策略管控。例如，在 VoLTE 系统中，IMS 核心网中的 P-CSCF 即是 1 个 AF，在 VoLTE 语音呼叫建立阶段，P-CSCF 通过 Rx 接口告知 PCRF 业务类型为音频呼叫，PCRF 再通过 Gx 接口控制 P-GW 为此呼叫建立 $QCI=1$ 的专用承载；VoLTE 用户挂机，P-CSCF 告知 PCRF 通话结束，PCRF 控制 P-GW 删除专用承载。

BBERF（Bearer Binding and Event Reporting Function，承载绑定和事件报告功能）：在 S5/S8 接口上不采用 GTP 而是采用 PMIP 隧道传输协议的情形下，将采用 BBERF 替代 PCEF 来执行相应的策略执行功能。此时的 BBERF 功能驻留于接入网网关，例如 S-GW 或 WLAN 接入网关。

SPR：保存为用户签约的 PCC 业务数据；例如是否对用户进行超套餐限速、是否对用户在特定时间段进行流量提速等。可分别对用户的每个 APN 配置 PCC 业务数据。例如 VoLTE 用户的互联网业务 APN 和 IMS APN 可配置不同的 PCC 策略。可以与 PCRF 合设。

2.3.3　网元间接口与协议

Gx：位于 PCRF 与 PCEF 之间的接口，用于计费控制、策略控制，可以把 PCRF 中的 PCC 策略提供给 PCEF，同时也能把业务平面的事件从 PCEF 传给 PCRF。基于 Diameter 信令协议。

Rx：是 PCRF 和 AF 间的接口，用于外部 IP 数据网服务器向 PCRF 传递用户动态策略请求，例如 IMS P-CSCF 作为 AF，在 VoLTE 用户语音呼叫建立阶段请求 PCRF 在 EPC/LTE 网内为用户建立专用承载。基于 Diameter 信令协议。

Sp：是 PCRF 与 SPR 之间的接口，用于 PCRF 向 SPR 请求用户订阅的与 IP-CAN 传输策略相关的信息，查询基于用户 ID、PDN 标识以及可能的 IP-CAN 会话的参数。

S9：是归属地 PCRF 和拜访地 PCRF 之间的接口，用于对漫游用户进行归属地的策略控制。基于 Diameter 信令协议。

Gz：是 PCEF 和 OFCS 之间的接口。用于传递基于业务数据流的离线计费信息。基于 Diameter 信令协议。

Gy：是 OCS 和 PCEF 之间的接口，用于基于业务数据流计费时的在线信誉度控制。基于 Diameter 信令协议。

Gxx：是 PCRF 和 BBERF 之间的接口，PCRF 动态控制 BBER，用于会话管理和 QoS 控制。

2.3.4　组网结构

PCC 系统主要网元 PCRF 以省为单位部署，PCRF 与 PCEF 之间通过 DRA 进行连接，跨省 PCRF 间通过 Diameter 信令网实现互联。

思考题

1. GSM、GPRS 核心网系统分别由哪些网元组成？

2. 3GPP R4 版本 3G 核心网网元的主要功能接口有哪些？基于何种协议？

3. 3GPP R4 版本 3G 核心网与 R99 版本的主要区别是什么？

4. 核心网电路域组网结构有哪几种？

5. cdma2000 网络演进分为哪几个阶段？

6. 移动软交换网络中，实现用户话音计费的是哪个功能实体？

7. 简单 IP 的用户 IP 地址和移动 IP 的用户 IP 地址分配分别是由哪个功能实体完成的？

8. 简述简单 IP 和移动 IP 的主要区别。

9. cdma2000 EV-DO 的 PCN 包含的功能实体有哪些？

10. cdma2000 核心网的演进有哪几个阶段？

11. R8 版本后的核心网架构有哪些变化？

12. EPC 网络由哪些网元组成？

13. HRPD 网络升级 eHRPD 网络时，需新增哪些网元？

14. LTE 网络的语音解决方案有哪几种？

15. LTE 网络与 eHRPD 网络互操作时，优化切换和非优化切换的主要区别是什么？

16. 在 PCC 架构下，哪个逻辑实体负责策略决策，哪个逻辑实体负责策略执行？

第 3 章
IMS 核心网

3.1　IMS 技术发展及主要特点

3.1.1　概述

3GPP 在 R5 版本首次提出 IP 多媒体子系统（IMS）技术标准，并在 R6、R7 以及后续版本中对其进一步完善。R5 版本提出和定义了 IMS 的基本框架及 3G 接入的能力，R5 阶段侧重于基本架构、3G 接入能力、功能实体、信令流程的规定，并对鉴权、计费、安全、QoS 等进行了基本定义。R6 版本对 IMS 接口和功能更加细化，定义了 WLAN 接入的能力、IMS 和外部网络之间的互通、IMS 支持各种业务的能力等方面。R6 版本在 2005 年 3 月冻结，是第一个完善的 IMS 标准版本。R7 版本在 2007 年冻结，其主要增强功能为增加对固定接入的支持、IMS 建立紧急呼叫、实现双模手机在 IMS 域和电路域进行语音呼叫切换、实时类业务和非实时业务分别由电路域和 IMS 域提供、QoS 的策略控制和流计费合并、多媒体电话（补充）业务。R8 版本汇总 TISPAN 和 3GPP2 的 IMS 研究成果，并以此为基础制订统一 IMS 标准，解决用户通过电路域接入，业务逻辑集中在 IMS 控制的问题，及用户同时接入电路域和分组域时，多媒体会话在不同域之间的切换和连续性问题，增强业务交互管理、增设彩铃服务器；SMS 和 IM 的业务互通。

欧洲电信标准组织（ETSI）下属的 NGN 研究组织 TISPAN 在其推出的 NGN R1 版本中接受 IMS 作为 NGN 固定应用的核心技术，在 3GPP R6 版本基础上对功能实体和协议进行了扩展，支持固定接入方式。国际电信联盟电信标准部门（ITU-T）下一代网络热点组（FGNGN）也同样采纳了基于 IMS 的 NGN 体系架构并在其基础上进一步发展，已经推出了 IMS Based PES/PSS 等标准。

IMS 系统由 IMS 业务平台和 IMS 核心网组成，业务平台负责提供呼叫处理和业务应用；核心网负责用户接入和呼叫路由接续。IMS 所有呼叫控制和处理均采用 SIP，支持音频、视频以及文本数据等多媒体业务。

3.1.2　主要技术特点

IMS 是独立于接入技术的提供 IP 多媒体业务的体系架构。IMS 具有如下技术特点。

3.1.2.1　基于 SIP 的会话控制

IMS 的核心功能实体是呼叫会话控制功能（CSCF），它向上层的服务平台提供标准的接口，使业务独立于呼叫控制。IMS 网络的终端与网络均采用 SIP 会话控制协议，实现端到端的 SIP 信令互通，顺应终端智能化的网络发展趋势，使网络的业务提供和发布具有更大的灵活性。

3.1.2.2　全 IP 承载，与接入无关

IMS 网络内各网元间信息交互均采用基于 IP 的协议，通过 IP 承载网实现互联。

IMS 对接入技术无特定要求，可支持用户无论使用什么设备、在任何地点均可接入网络使用业务，IMS 网络则通过 Proxy 将用户的 SIP 呼叫请求转发到归属地 Proxy 处理。IMS 与接入层的关系主要体现在 QoS 和计费方面。

3.1.2.3　业务与控制分离

与软交换技术相比，IMS 架构在其承载与控制分离的基础上，进一步实现业务与控制的分离，通过独立部署的业务应用服务器（AS）来完成业务处理，IMS 的核心控制网元不再处理业务逻辑，而是通过分析用户签约数据的初始过滤规则（iFC），触发到规则指定的应用服务器，由应用服务器完成业务逻辑处理。AS 与 CSCF 间采用基于 SIP 的 ISC（IP multimedia Service Control）接口互通。

3.1.2.4　支持丰富而动态的组合业务

IMS 网络在呼叫处理上利用了 SIP 的特点，业务控制能力强大，有利于实现语音、图象、文本等多种媒体的不同组合，生成丰富多彩的多媒体业务。同时，IMS 具有在多媒体会话和呼叫过程中增加、修改和删除会话和业务的能力，并且还可以对不同的业务进行区分和计费的能力。因此对用户而言，IMS 业务以高度个性化和可管理的方式支持个人与个人以及个人与信息内容之间的多媒体通信，包括语音、文本、图片和视频或这些媒体的组合。目前，基于 IMS 的典型业务主要有。

PoC 业务，即为用户提供双方和多方的即时半双工语音通话业务。

即时消息（Instant Message）业务，可以使用户彼此高速发送消息，消息格式可以是短信息文本、图片，甚至视频等。

聊天（Chat）业务，可以使用户间类似于 Instant 的聊天室一样交换各种信息，多个用户间可共享一个聊天窗口。

呈现（Presence）业务，它是一种辅助通信业务，用户可以使自己的状态被选定的联系对象所知道，也可以知道自己的联系对象的状态，从而选择合适的通信手段或者时段与对方通信。

群组（Group）业务，也是一个通用的 Enabler，与具体的业务无关，一个群组可以被多种业务使用。群组功能除了一般的管理以外，还可以与具体业务建立通知订阅关系，如果群组信息发生变化，群组能力会自动通知相关业务采取相应措施。

多媒体会议业务，具有会议建立、会议控制和监控、文件及电子白板共享、综合的多媒体等功能特性。

Rich Voice 业务，是一个真正的多媒体融合会话业务。它支持在一个会话过程中进行话音、视频、文本、文件、铃声等多媒体类型的传递。

3.2　网络系统架构

3.2.1　体系架构

IMS 采用业务、控制、承载相分离的体系架构，如图 3-1 所示，其中粗线为支持媒体的接口，点划线为仅支持信令的接口。

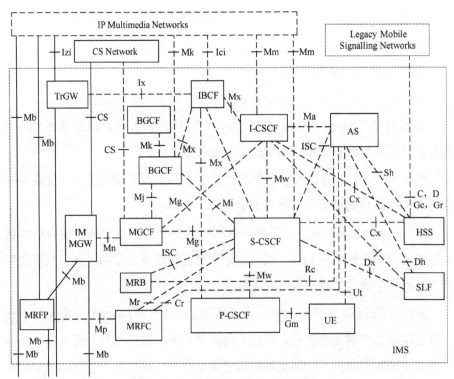

图 3-1　IMS 核心网系统体系架构

3.2.2　系统组成

IMS 网络的主要功能实体模块分为会话控制类、互通类、媒体资源类，实际组网中还引入了会话边界控制（SBC）网元。

3.2.2.1　会话控制类功能实体

P-CSCF：代理会话控制功能实体，是 IMS 中对于用户的第一个接触点，负责直接接受所有来自 UE 的 SIP 信令，并转发给相应的 S-CSCF 或 I-CSCF 处理，反向亦然。

I-CSCF：查询会话控制功能实体，是各个 IMS 网络域的入口节点，负责提供 S-CSCF 指派、转发至 S-CSCF 的请求和响应等功能。

S-CSCF：服务会话控制功能实体，是 IMS 的核心控制功能实体，其位于用户归属网络，负责提供注册鉴权、会话控制、iFC 业务触发等功能。

3.2.2.2　互通类功能实体

IBCF：互通边界控制功能在 SIP/SDP 协议层提供特定的功能，使 IPv6 和 IPv4 SIP 应用间能够互通，包括 IPv6 和 IPv4 的转换、拓扑隐藏、控制传输平面功能，并能够选择恰当的信令实现互通功能。IBCF 与 TrGW 之间有一个 Ix 接口，用于控制地址转换。

TrGW：互通边界网关功能，位于媒体路径中，具有网络地址 / 端口转换、IPv4/IPv6 转换、编解码转换等功能，实现用户面在网络边界的互通功能。TrGW 通过 Ix 接口受 IBCF 的控制。

BGCF：出口网关控制功能实体，参与处理与电路域之间的会话，负责接收来自 S-CSCF 的请求，并选择到电路域的出口位置。对于至本网电路域的会话，出口为被叫对应的 MGCF；对于至他网电路域的会话，出口为他网的 BGCF。

MGCF：媒体网关控制功能位于 IMS 核心网和 SCN、固定软交换网络、移动软交换之间，以便实现这些网络之间信令层的互通。MGCF 负责完成控制面信令流，包括 PSTN/CS 侧 ISUP/BICC 与 IMS 侧 SIP 的交互和互通，并控制 IM-MGW 完成用户面媒体流的互通。

SG：信令网关，位于 IMS 核心网和传统 No.7 信令网之间，负责对 No.7 信令消息进行转接、翻译或终结处理，主要实现对 No.7 信令消息的底层适配，以便在 IP 网和 No.7 信令网之间传送 No.7 信令消息。

MGW：媒体网关，位于 IMS 核心网和 SCN、固定软交换网络、移动软交换之间，在 MGCF 的控制下实现这些网络之间承载层的互通，主要提供编解码转换等功能。

3.2.2.3　媒体资源处理类功能实体

MRFC：多媒体资源功能控制功能实体，控制面设备，负责控制 MRFP 上的媒体资源进行媒体处理和控制功能，包括媒体流的混合、分发、编解码转换、IVR 及会议桥等。

MRFP：多媒体资源功能处理功能实体，作为用户面设备，在 MRFC 控制下完成要求的媒体处理和控制，包括媒体流的混合、分发、编解码转换、IVR 及会议桥等。

3.2.2.4　用户数据处理类功能实体

HSS：归属用户服务功能实体，是 IMS 中所有与用户和业务相关数据的主要存储数据中心，负责存储在 HSS 的数据包括 IMS 用户标识、用户鉴权信息、用户的业务触发信息等。

SLF：签约定位功能实体，当 IMS 中存在多个 HSS 时，SLF 负责接受来自 I-CSCF 或 S-CSCF 的查询请求，并转发给保存了相应用户数据的 HSS。在一个单 HSS 的 IMS 网络中，不需配置 SLF 功能。

3.2.2.5　号码分析类功能实体

ENUM 服务器：接收 S-CSCF 设备（S-CSCF）的查询，将 Tel URI 中的 E.164 地址（或用户部分以 "+" 开始，并且 User parameter=phone 的 SIP URI 的用户部分）翻译成在统一 IMS 核心网中可路由的 SIP URI。

DNS：主要提供域名查询服务，P-CSCF、S-CSCF、MGCF 等设备可直接查询 DNS 获得被叫或注册用户归属域的 I-CSCF 地址。

3.2.2.6　接入控制类功能实体

PCRF：策略和计费规则功能实体，包括策略控制和基于流的计费控制功能。PCRF 根据来自 P-CSCF 的应用层业务信息，本地电信业务经营者的配置及用户签约，向 GGSN 提供 QoS 授权和基于流的计费规则以及对于用户平面数据进行门控功能的决策（例如关闭门控功能，丢弃 IP 包）。

SBC：处于企业网和电信业务经营者网络间的边缘或两个电信业务经营者网络之间的边缘分界点，负责完成信令流和媒体流的 NAT 穿越、业务级安全和 QoS 保障等功能。

3.2.2.7　应用服务器类功能实体

SIP-AS：应用服务器，AS 为用户提供各种 SIP 类应用服务，如 IM 服务器、PoC 服务器、多媒体会话服务器、IP Centrex 服务器、视频会议服务器、第三方应用服务器等。

OSA-SCS：向应用服务器和 / 或第三方服务器提供开放的、标准的接口，以方便业务的引入，并提供统一的业务执行平台。IMS 网络核心网络设备可通过应用网关访问应用服务器或第三方应用服务器。

IM-SSF：多媒体域业务交换功能实体，提供对 CAMEL 服务和传统智能网业务（使用 INAP）的触发、CAMEL 业务交换状态机、IN 业务交换状态机等功能，使 IMS 网络能够和传统网络中的 SCP 等进行互通。

3.2.3 接口及协议

IMS 网各类网元间的接口协议见表 3-1。

表 3-1 IMS 网络网元间接口协议

序号	应用协议	应用接口
1	Diameter	Cx、Dh、Dx、Gx、Rx、Sh
2	DNS	Ex、Nx
3	TCP/IP	Gi 接口
4	SIP	Gm、ISC、Ma、Mg、Mi、Mj、Mk、Mr、Mw、Mx
5	SIP-I	Ic、If
6	SIGTRAN（M2UA/M3UA/M2PA）	Ie、Is
7	BICC	Ig
8	RTP/RTCP	Mb
9	H.248	Mn、Mp
10	SIP 或 H.248	Mz
11	MAP	Si
12	XCAP	Ut

3.2.4 IMS 核心网与其他网络的关系

3.2.4.1 IMS 核心网与固定电话网、移动核心网电路域间

IMS 核心网与 PSTN、移动核心网电路域间是互通关系，其间通过互通网关相连，实现网间业务的疏通。当 IMS 核心网接收到至 PSTN、CS 网的呼叫时，由 IMS 核心网的 S-CSCF 经 ENUM 查询后将会话传送到 IMS 网络

中的 BGCF，由 BGCF 确定在本端还是对端网与 PSTN/CS 互通，若在本端，则送至互通的 MGCF，由 MGCF 完成与 PSTN、CS 的互通，并控制 MGW 进行媒体交换；否则送至被选择网络的 BGCF，进行后续的接续。

3.2.4.2　IMS 核心网与移动核心网分组域间

IMS 核心网与移动核心网分组域间是控制层与接入层间的关系，核心网分组域负责移动用户的接入，由 IMS 核心网负责业务控制及会话处理等功能。例如，在 4G 时代采用 VoLTE 语音解决方案时，需通过 IMS 来实现语音业务的控制和处理，IMS 核心网网元 SBC 与 EPC 核心网网元 SAE-GW 通过 SGi 接口相连，由 EPC 核心网将呼叫传送至 IMS 网，由 IMS 网络选择业务路由并控制业务接续。

3.2.4.3　IMS 核心网与信令网间

在一些场景下，IMS 核心网元需与电路域网元间采用 No.7 信令互通，如在处理 VoLTE 用户被叫业务时，与 VoLTE AS 合设的锚定 SCP 需与 MSC 互通 CAP 消息，其间需通过 No.7 信令网实现互联，相关网元需与 No.7 信令网中相应的 STP 相连。

IMS 核心网元与 HSS 间采用基于 IP 的 Diameter 信令交互信息，如 S-CSCF 与 HSS 间、AS 与 HSS 间需通过 Diameter 信令网实现互联，这些网元需根据 Diameter 信令网组网原则，与相应的 DRA 相连。

3.2.4.4　IMS 核心网与外部 IP 网络间

根据业务需要，IMS 核心网网元 S-CSCF 可将 SIP 请求和响应前转至外部 IP 网络的 SIP 服务器，实现业务互通，因此 IMS 核心网需与外部 IP 网络间互通，且可提供不同层面（不同 IP 版本，IPv4 或 IPv6）的互通：

（1）应用层互通，一个 IMS 网络用户与不同 IP 版本的 SIP 网络用户的互通；

（2）传输层互通，通过使用不同 IP 版本的转接网络，IMS 网络间的隧道层互联。

3.3　网络演进趋势

从通信网络技术及业务应用发展趋势来看，通信网络将向融合化、可靠化、安全化、易互通、易提供业务的方向发展，IMS 将演进成为未来通信网络的核心，可实现固移融合，在统一的核心网架构上提供业务，为固定和移动用户提供丰富统一的业务体验，同时降低网络结构的复杂度，降低网络运维成本，提高业务开展的灵活性。

随着业务需求的不断变化，IMS 功能需进一步拓展以适应新的应用场景，包括多种形态终端的接入，如功能更加丰富的智能终端、SIP IAD 接入的固定终端、通过 Wi-Fi 接入的双模终端等；应用方面需从单一的传统继承类应用向融合的、多媒体应用发展。同时，随着 NFV 技术的成熟和应用，位于控制层面的 IMS 核心网未来将采用该技术，逐渐实现网元云化、网络功能虚拟化。

思 考 题

1. IMS 的主要技术特点是什么？
2. IMS 网络的主要功能实体模块及其功能是什么？
3. IMS 核心网与其他网络的关系的要点是什么？

第4章
信 令 网

通信网中网元间互通均采用一定的信令协议，传送这些信令所组成的网络称之为信令网。

目前国内 PSTN（ISDN）、2G/3G 核心网、智能网等业务网采用 No.7 信令协议，由 No.7 信令网负责传送相关网元间的信令，标准组织最初定义的 No.7 信令协议基于 TDM 承载，近年来随着网络 IP 化的演进趋势，信令承载也向 IP 化转变。

随着核心网络引入软交换技术，并向 IMS 架构演进，核心网元间采用的信令协议从传统的 No.7 信令协议向基于 IP 的信令转变，这些基于 IP 的信令组网方式将与 No.7 信令网有所区别。本章分别对 No.7 信令和基于 IP 的信令进行描述。

4.1 No.7 信令

4.1.1 No.7 信令分层架构

No.7 信令的分层结构遵循 OSI 7 层模型，并根据 No.7 信令的应用场景，采用 4 级结构。No.7 信令的分层结构与 OSI 分层模型之间的关系如图 4-1 所示。

No.7 信令的各级功能如下。

第 1 级称为信令数据链路功能，相当于 OSI 7 层结构中的物理层。其定义了信令数据链路的物理、电气和功能特性以及链路接入节点的方法。

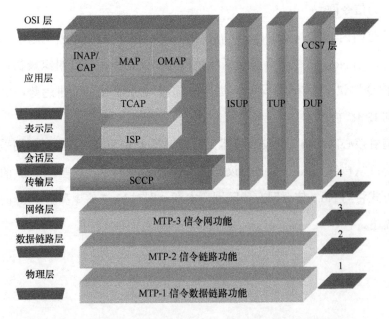

图 4-1　No.7 信令的分层结构与 OSI 分层模型之间的关系

第 2 级称为信令链路功能，相当于 OSI 7 层结构中的数据链路层。其负责把约定的消息变成码流，并提供一定的纠错能力和流量控制，定义信令消息沿信令数据链路传送的功能和过程。

第 3 级称为信令网功能，相当于 OSI 7 层结构中的网络层，分为两部分。

信令信息处理（Signaling Message Handling，SMH）功能：主要处理信令信息的识别、分发和路由选择。

信令网管理（Signaling Network Management，SNM）功能：其主要作用是在信令网发生异常的情况下，根据预定的数据和网络状态信息调整消息路由和信令网设备配置，以保证消息的正常传送。这是 No.7 信令网最有特色的部分，也是最复杂的一部分，直接影响信令网的可靠性。

由于第 3 级只能提供无连接服务，即数据报传送方式，因此，其所对应的是不完备的网络层功能。

第 1 级至第 3 级统称为消息传递部分（Message Transfer Part，MTP），作用是确保消息无差错的由源端传送到目的地，它们只关心消息的传递，并不处理消息本身的内容。

第 4 级称为用户部分（UP），相当于 OSI 7 层结构中的应用层，具体定义各种业务的信令消息和信令过程。已定义的用户部分包括电话用户部分（TUP）、数据用户部分（DUP）和 ISDN 部分（ISUP）。它们都是基于电路交换的业务，定义的都是电路相关消息。其中 DUP 指的是电路交换数据业务，现在很少使用。

对应于 OSI 的 7 层结构，No.7 信令在 4 级结构的基础上增加了以下几层协议。

（1）信令连接控制部分（Signaling Connection Control Part，SCCP）

这部分的主要功能是通过全局码翻译（Global Title Translation，GTT）支持与电路无关消息（如 MAP、INAP 消息）的端到端传送，支持面向连接、面向无连接的消息传送服务。SCCP 位于 MTP 之上，与 MTP-3 级相结合，提供了 7 层结构中较完备的网络层功能。

（2）事务处理能力应用部分（Transaction Capability Application Part，TCAP）

它的主要功能是对网络节点间的对话和操作请求进行管理，为各种应用业务信令过程提供基础服务。它本身属于应用层协议，但和具体应用无关。

（3）和具体业务有关的各种应用部分（AP）

已定义或部分定义的包括 No.7 信令网的操作维护应用部分（OMAP）、智能网应用部分（INAP）和移动应用部分（MAP），均为应用层协议。应用服务单元称为 TC 用户。

（4）中间业务部分（Intermediate Service Part，ISP）

这部分相当于 7 层结构中的第 4～6 层。由于 No.7 信令网是一个专用的通信子网，消息通信采用全双工方式，为了提高信令传送的实时性，尽可能减少不必要的开销，目前 ISP 并未定义，只是形式上保留，待以后需要时再扩充。

ISP 和 TCAP 合称为 TC，由 SCCP 直接支持。此外，ISUP 中涉及端局到端局信令关系的少数功能需要 SCCP 的支持。

4.1.2　No.7 信令传送方式

如果两个节点的对等 UP 或 AP 间有通信联系，就称这两个节点间有信令关系。所谓信令传送方式指的是信令消息的传送路径和消息所属关系之间的对应关系。

4.1.2.1　直联方式

在两个相邻信令点之间，No.7 信令消息通过它们直接相连的信令链路传送，如图 4-2（a）所示。

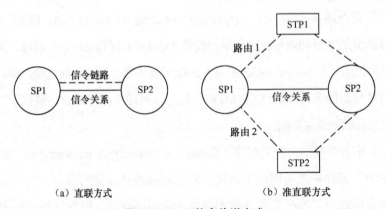

（a）直联方式　　　　　　　　　　（b）准直联方式

图 4-2　No.7 信令传送方式

4.1.2.2　准直联方式

在准直联工作方式中，No.7 信令消息在源信令点 A 产生，从信令点 B 经过，到达目的信令点 C，信令点 B 称为信令转接点（STP），源信令点 A 和目的信令点 C 称为信令端点（SP），如图 4-2（b）所示。

从协议能力上来说，STP 只装备消息传递协议，即 MTP 和 SCCP；SP 装备用户部分和应用部分协议，可以收发和特定业务有关的用户或应用信令消息。

4.1.3　No.7 信令网网络组织

No.7 信令网是逻辑上独立于它所服务的信息网，专门用于传送 No.7 信令消息的专用数据网。它由交换和处理节点"信令点"和连接这些节点的传输链路"信令链路"组成。

4.1.3.1　No.7 信令网拓扑结构

我国No.7 信令网逻辑上采用三级结构，第一级为高级信令转接点（HSTP）、第二级为低级信令转接点（LSTP）、第三级为信令点（SP），如图 4-3 所示。

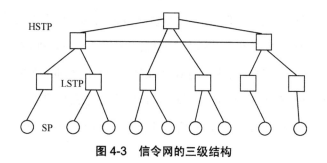

图 4-3　信令网的三级结构

4.1.3.2　各级信令节点的职能

HSTP 负责转接它所汇接的 LSTP 和 SP 的信令消息。HSTP 一般独立设置，具备 No.7 信令的消息传递部分（MTP）、信令连接控制部分（SCCP）

和运行维护部分（OMAP）功能。

LSTP 负责转接其所汇接的 SP 间的信令消息，可独立设置，也可与信令点综合设置，与 HSTP 类似，需具备 MTP、SCCP 和 OMAP 功能，与 SP 合设时还需具备 SP 的相关功能。

SP 是信令网传送各种信令消息的源点或目的地点。固定电话网信令网中 SP 具备 MTP、TUP/ISUP、SCCP、TC、OMAP、INAP 功能。移动电话网信令网 SP 需具备 MTP、MTUP/ISUP、SCCP、TC、OMAP、MAP、CAP 功能。

4.1.3.3 信令网的网路组织

（1）信令网中的信令节点的连接

国内同一电信运营者信令网中信令节点间采用以下连接方式。

① HSTP 分为 A、B 平面，A 平面和 B 平面内各 HSTP 在各自平面内网状相连，A 平面和 B 平面间成对的 HSTP 间相连。

② 成对设置的两个 LSTP 之间必须相连，以分区固定方式连接至一对 HSTP。每个 SP 必须连至两个 LSTP，以分区固定方式连接至一对 LSTP。

③ 不同本地网两个成对的 LSTP 间，在信令业务量足够大时，可以设置信令链路。两个成对的 LSTP 之间信令链路宜采用 A、B 平面连接方式。

④ 开放全国智能网业务的业务控制点（SCP）与所在地成对的 HSTP 相连。开放省内智能网业务的业务控制点（SCP）应与所在地成对的 LSTP 相连，若此 SCP 所在地有 HSTP 设备，则此 SCP 也可与此成对的 HSTP 相连。

⑤ 两个信令点（SP）之间的信令业务量足够大且经济合理时，可设置直联信令链路。

不同电信运营者信令网之间信令节点的连接方式。

① 主要采用两个关口局信令点之间设置直联信令链路。

② 当 STP 设备具备屏蔽和计费功能后，为了综合利用信令网，可考虑在两个信令网的 STP 之间设置信令链路直接相连。

（2）信令链路定义

A 链路：SP 至 LSTP 或 HSTP 的信令链路。

B 链路：一对 STP 与同级的另一对 STP 之间的信令链路。

C 链路：一个 STP 与配对的另一个 STP 之间的信令链路。

D 链路：LSTP 与 HSTP 之间的信令链路。

F 链路：两个 SP 之间的直联信令链路。

4.1.3.4　信令点编码

任何一个网络必须对其各个节点赋予唯一可识别的地址，也就是节点号码，在 No.7 信令网中称为信令点编码（Signaling Point Code，SPC）。它采用独立的编号计划，不从属于任何一种业务的编号计划。

我国国内 No.7 信令网信令点编码采用 24 位的全国统一编码，如图 4-4（a）所示。国际网中的信令点编码由 ITU-T 统一规定，由 14 位组成，如图 4-4（b）所示。

主信令区	分信令区	信令点
8	8	8

（a）国内信令点编码

大区或州 （Zone）	国家或地区 （Area）	信令点 （Point）
3	8	3

（b）国际信令点编码

图 4-4　信令点编码格式

4.1.3.5　信令网可靠性措施

根据 CCITT Q.706 建议，信令网中具有信令关系的两个信令点间的信令路由组的不可用时间不大于 10min/ 年，国内信令网采用下列可靠性措施。

（1）HSTP 采用平行的 A、B 平面网，两平面采用负荷分担方式，正常情况下每平面承担整个信令业务的 50%。若其中一个平面 HSTP 不可用时，另一个平面 HSTP 承担全部信令业务。

（2）每个 LSTP 要分别连至本区 A、B 平面内成对的 HSTP，LSTP 至 A、B 平面内的两个 HSTP 的信令链路组之间采用负荷分担方式工作。正常情况下每个 LSTP 承担至 A、B 平面内的两个 HSTP 整个信令业务的 50%，一个 LSTP 不可用时，另一个 LSTP 应能承担全部信令业务。

（3）每个 SP 应分区固定连接至本服务区成对的 STP（LSTP、HSTP）。 SP 至成对 STP（LSTP、HSTP）的信令链路组之间采用负荷分担方式工作， 正常情况下每个链路组承担整个信令业务的 50%，若其中一个链路组不可用 时，另一个链路组承担全部信令业务。

（4）为保证我国三级结构的信令网在各种情况下的可用性指标，成对设 置的信令转接点（STP）之间信令链路的数据传输通路至少应有三个独立的 物理路由；SP 与连接的二个 STP 之间信令链路的数据传输通路应不少于两 个独立的物理路由。

（5）STP 之间以及 SP 与 STP 之间的每个信令链路组的信令链路数应 根据信令业务量计算确定，STP 之间每个信令链路组的信令链路应不少于两 条；SP 与 STP 之间的信令链路应不少于 1 条。

（6）两个 SP 之间在话路群足够大时，可设置直联信令链路，并且至少 设置两条信令链路。

（7）同一链路组内的两条信令链路应分在不同的信令终端设备上。每一 信令节点要视具体情况适当配置备用信令终端设备和信令链路，以便使故障 的信令链路通过人工（或自动程序）分配新的信令终端设备或数据链路设备 变成正常信令链路。

4.1.4 链路承载方式

4.1.4.1 TDM 承载

在 No.7 信令网建设初期，信令节点间的信令链路采用 TDM 承载方式， 有 64kbit/s 和 2Mbit/s 两种信令链路，前者应用于信令量较小的节点间；后 者则应用于信令量较大的节点间。

承载 No.7 信令链路的物理传输通路为 2Mbit/s 数字中继，接口电气特性符合 G.703 建议；对于 64kbit/s 信令链路，在 2Mbit/s 中继中用于信令链路的时隙一般为 TS1 时隙，当 TS1 时隙不能用时，可用其他 64kbit/s 时隙通路作为信令数据链路。

4.1.4.2　IP 承载

随着网络向全 IP 化的演进，No.7 信令网内信令链路的承载方式也在从 TDM 承载向 IP 承载方式转变，但这种转变仅针对 No.7 信令底层即 MTP 层协议的变化，高层如 MAP、CAP 等应用协议并未改变。

采用 IP 承载方式的 No.7 信令网由 IPSEP 和 IPSTP 组成，信令节点间通过 IP 端口互通信令消息，信令链路的物理传输通路为 IP 承载网。它仍采用 No.7 信令点编码作为消息传递的地址，信令路由方式也仍采用 MTP 寻址或 SCCP 寻址方式，在传送层再将 No.7 信令地址与 IP 地址进行对应。

（1）IP 承载信令协议

SIGTRAN 是在 IP 网络中传递 No.7 信令的协议栈，它支持的标准原语接口不需要对现有的信令进行任何修改。SIGTRAN 协议底层为传输层（SCTP），上层为适配层（UA 协议）。根据适配方式的不同，适配层协议又分为用户适配层协议（M2UA 或 M3UA）和端对端适配层（M2PA）协议，以及 SCCP 用户适配协议（SUA），SIGTRAN 的协议结构如图 4-5 所示。

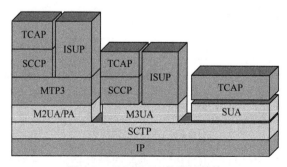

图 4-5　SIGTRAN 的协议结构

SCCP 用户适配协议 SUA，定义了如何在两个信令端点间通过 IP 来传送 SCCP 用户的消息以及 SCCP 的网管互通功能。适配层协议根据功能和组网应用的不同主要分为 M2PA、M2UA 和 M3UA 三种。

M2UA：M2UA 是 MTP2 的延伸，没有自己的信令点编码，适用于 RANAP、ISUP 等接入信令，利用 SIGTRAN（M2UA/SCTP/IP）进行转发，提高组网的灵活性，并降低信令的传输成本，不具备 GTT 功能，不能够用于组建 IP 信令网的骨干层面。

M3UA：M3UA 是目前 3GPP 建议采用的 SIGTRAN 协议，M3UA 能同时支持目前所有的移动网络协议，包括 BICC、ISUP、MAP、CAP。但是 M3UA 是一种落地协议，主要是针对 SG 应用设计的，只能进行一跳的信令转接，或者是 IP SP 间的点到点协议，适合作为 IP SP 的边缘接入协议，不适宜用于组建 IP 信令网的骨干层面。

M2PA：M2PA 的适用范围更广泛，既可以用于信令网关也可以用于信令网上的 STP。M2PA 具有自己的信令点编码和自己的上层协议诸如 MTP3 和 SCCP，具备较为强大的 IP 信令网组网能力，保留了成熟的 MTP3 的信令网络和信令链路管理功能对 IP 信令链路进行管理，仅仅更换了 No.7 信令网的承载。

（2）组网结构及协议选择

IP 承载 No.7 信令网分为平面网和分级网两种组网结构，平面网信令点间全部采用直联信令链路连接，SIGTRAN 协议适配层可以采用 M2UA、M2PA 或 M3UA 中的任何一种。

分级网组网结构如图 4-6 所示。

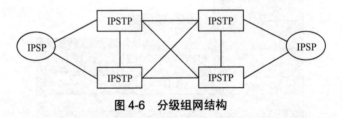

图 4-6　分级组网结构

分级组网中 A/B 链路 SIGTRAN 协议选择包括以下三种方案。

方案一：A 链路和 B 链路全部采用 M3UA。即在 IPSTP 的接入侧采用

M3UA 协议，在 IPSTP 之间也使用 M3UA 协议。

方案二：A 链路和 B 链路全部采用 M2PA。即在 IPSTP 的接入侧采用 M2PA 协议，在 IPSTP 之间也使用 M2PA 协议。

方案三：A 链路采用 M3UA，B 链路采用 M2PA。即在 IPSTP 的接入侧采用 M3UA 协议，在 IPSTP 之间使用 M2PA 协议，透传 MTP-3 消息。

4.2 基于 IP 的信令

4.2.1 信令种类及功能

核心网络引入软交换技术，并向 IMS 架构演进后，核心网元间的信令协议将从传统的 No.7 信令协议向基于 IP 的信令转变，主要包括 H.248 信令、BICC（Bearer Independent Call Control）信令、SIP-T/I 信令、SIP 信令、Diameter 信令，这些信令的主要功能如下。

4.2.1.1 H.248/Megaco 信令

简称 H.248 信令，是媒体网关控制协议，提供媒体控制的建立、修改和释放机制，在软交换设备与媒体网关、软交换设备与各种接入网关之间运用，同时也可携带某些随路呼叫信令，支持传统网络终端的呼叫。

4.2.1.2 BICC 信令、SIP-T（I）信令

BICC 信令称为与承载无关的呼叫控制信令，是在 ISUP 基础上发展起来的，在语音业务支持方面比较成熟，能够支持以前窄带所有的语音业务、补充业务和数据业务等，软交换设备（MSC Server）之间的信令消息使用 BICC 消息。

SIP-T 信令是将 SIP 和 ISUP 消息封装到隧道的新协议结构，SIP 用于会

话识别,ISUP 用于呼叫控制。电话应用的 SIP(SIP-T) 并不是一个新的协议,而只是补充定义了如何用 SIP 传送电话网络信令,特别是 ISUP 信令的机制。其用途是支持 PSTN/ISDN 与 IP 网络的互通,在软交换系统之间的网络接口中使用。SIP-T 为 SIP 与 ISUP 的互通提出了两种方法,即封装和映射,SIP-T 只关注于基本呼叫的互通,对补充业务则基本上没有涉及。BICC 是直接用 ISUP 作为 IP 网络中的呼叫控制消息,在其中透明传送承载控制信息;而 SIP-T 仍然是用 SIP 作为呼叫和承载控制协议,在其中透明传送 ISUP 消息。

SIP-I(SIP with encapsulated-ISUP) 协议族的内容远比 SIP-T 丰富,不仅包括基本呼叫的互通,还包括 CLIP、CLIR 等补充业务的互通。除了呼叫信令的互通外,还考虑到了资源预留、媒体信息的转换等;既有固网软交换环境下 SIP 与 BICC/ISUP 的互通,也有移动 3GPP SIP 与 BICC/ISUP 的互通。

在软交换之间互通协议方面,目前固网中应用较多的是 SIP-T,移动应用的是 BICC,未来的发展方向是 SIP-I。

4.2.1.3 SIP 信令

SIP 信令是应用层的信令控制协议,是 IETF 制订的多媒体通信系统框架协议之一,用于建立、改变或结束多媒体会话,与 RTP/RTCP、SDP、RTSP、DNS 等协议配合,共同完成 IMS 中的会话建立及媒体协商。一旦建立会话,媒体流将使用 RTP 在承载层中直接传送,在一次会话中可以灵活地交互多种媒体。它是一种基于文本的应用层协议,在实现上独立于底层传输协议,底层承载可采用 TCP/UDP/SCTP 中的任何一种。SIP 消息体部分可允许同时存在多种不同会话描述协议,此种方式称为 MIME(Multipurpose Internet Mail Extensions,多用途互联网邮件扩展类型)。在 IMS 网络体系中,SIP 主要应用于软交换设备与应用服务器间、SIP 智能终端与 SIP 服务器之间、不同的 SIP 服务器之间。

4.2.1.4 Diameter 信令

Diameter 协议是 IETF 组织制订的下一代 AAA 协议标准,是 RADIUS

协议的升级版本，具有能力协商、错误通知和处理、Failover 机制，克服了
RADIUS 的许多缺点，为各种认证、授权和计费的应用提供了安全、可靠和
易于扩展的框架。

3GPP 组织将 Diameter 协议大量地应用到核心网分组域、IMS 域的相关
信令接口以及实时和非实时计费接口，因而通常将在采用 Diameter 协议
的信令接口上传送的信令称为 Diameter 信令。常用的 Diameter 信令接口
见表 4-1。

表 4-1　Diameter 信令应用场合

	接口	说明
分组域	S6a	MME——HSS 用户移动性管理，类似 No.7 信令 Gr 接口功能
	S6d	SGSN——HSS 用户移动性管理，类似 No.7 信令 Gr 接口功能
	SLh	定位平台——HSS
	SLg	定位平台——MME
PCC	Gx	P-GW/GGSN/PCEF——PCRF
	S9	V-PCRF——H-PCRF
	Rx	AF——PCRF，例如 VoLTE SBC/P-CSCF 与 PCRF 之间的接口
IMS	Cx	I/S-CSCF——IMS HSS
	Dx	I/S-CSCF——IMS SLF
	Sh	IMS AS——IMS HSS
	Zh	BSF——IMS HSS
计费	Gy	P-GW/GGSN——实时计费系统，分组域实时计费
	Ro	计费网元——实时计费系统，用于实时计费系统
	Rf	计费网元——CDF，用于 IMS 非实时计费系统

Diameter 信令基于 IP 承载，传输层基于 SCTP 或 TCP，提供可靠传输。
Diameter 信令消息为可变长度，头部包括 20B，其中的 4B 为 Application-
ID，用于标识 Diameter 应用，例如 S6a 接口和 Gx 接口信令分别采用不同的
Application-ID；Diameter 信令消息内容由属性 - 数值对 AVP（Attribute Value-

Pair）构成，AVPs 是具体信令消息的载体。通过扩展 AVPs 可以支持新的信令消息内容传递；通过定义新的 Application-ID 和 AVPs 可以将 Diameter 信令扩展到新的应用场景。

4.2.2 组网结构

4.2.2.1 H.248/BICC/SIP 信令组网

基于 IP 的信令传送理论上可采用无级组网结构，即有信令关系的网元间经 IP 承载网直接互通 IP 信令消息，但在实际组网时，需结合信令特点、网络规模、管理维护等因素，来选择无级还是等级结构。对于 H.248 信令，应用于软交换服务器与其控制的媒体网关间，两者间可通过 IP 承载网直接互联，采用星状组网结构。

对于 BICC 信令、SIP-T 或 SIP-I 信令，应用于软交换机间，这些信令是在 ISUP 信令基础上发展而来，需由信令端点分析被叫号码等信息来选择信令路由，因此当网络规模较小、软交换机数量较少时，可采用无级组网方式，即不同软交换机经 IP 承载网直接互通信令，网状互联。当网络规模较大、软交换机数量较多时，为减少节点路由数据复杂度、便于网络维护管理，宜采用等级结构，即在网中设置转接设备，负责转接信令。BICC 信令标准中已定义 CMN（呼叫协调节点）作为 BICC 信令的转接设备，可根据组网情况来设置 CMN。

对于 SIP 信令，目前 IMS 网中的核心网元互通 SIP 信令前，一般通过查询 DNS 获取被叫端的 IP 地址，此后的信令由 IP 承载网来传送，因此一般情况下采用无级结构。

4.2.2.2 Diameter 信令组网

（1）Diameter 信令节点

Diameter 信令节点之间通过 Diameter 信令链路连接在一起构成 Diameter

信令网。Diameter 信令节点包括 Diameter 信令点和 DRA（Diameter Routing Agent）两类节点。Diameter 信令点负责发起和 / 或处理 Diameter 信令消息，Diameter 信令点之间采用对等（Peer-to-Peer）模式通信。DRA 负责 Diameter 信令的转发。DRA 根据工作方式不同又分为中继（Relay）、代理（Proxy）、重定向（Redirect）、翻译（Translation）4 类节点功能。在 Diameter 信令网中，最常用的是 Diameter 中继和代理功能，其中中继是仅根据 Diameter 信令消息中的路由信息转发信令消息，只能修改信令消息的路由信息，不关心信令消息的其他内容；代理是根据消息中的内容执行不同的策略，可以转发或拒绝消息，可以修改消息内容。

（2）Diameter 信令传送方式

需要进行 Diameter 信令会话的两个 Diameter 信令节点之间具有 Diameter 信令关系，具有 Diameter 信令关系的 Diameter 信令节点之间传送 Diameter 信令存在直联和准直联两种方式，如图 4-7 所示。

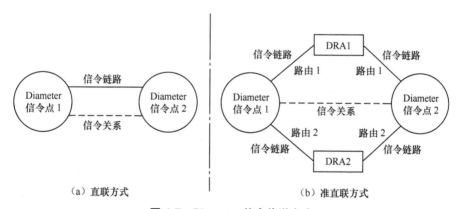

（a）直联方式　　　　　　　　　（b）准直联方式

图 4-7　Diameter 信令传送方式

直联方式，如图 4-7（a）所示，两个 Diameter 信令点之间配置 SCTP 或 TCP 的 Diameter 信令链路，直接进行 Diameter 信令交互。

准直联方式，如图 4-7（b）所示，Diameter 信令点配置到 DRA 的 SCTP 或 TCP 的 Diameter 信令链路；Diameter 信令点 1 向 Diameter 信令点 2 发送的 Diameter 信令请求消息发送到 DRA，再由 DRA 根据自身配置的路由表将 Diameter 信令消息转发到 Diameter 信令点 2，由于 Diameter 采用 Hop-by-Hop（逐跳）机制，Diameter 信令点 2 返回的 Diameter 信令应答消息再经由原 DRA 转发给 Diameter 信令点 1。

Diameter 信令的应用场景较多，不同的应用场景可采用不同的组网方式。例如 IMS 离线计费 Rf 接口，仅存在 IMS 计费网元与 CDF 的本地通信需求，可采用直联方式；IMS HSS 与 IMS AS 之间的 Sh 接口，也仅存在本地或省内通信需求，在网元数量较少的情况下，可采用直联方式，但在网元数量较多的情况下，为简化网元的局数据配置以及降低对网元的 Diameter 信令链路需求，可采用准直联方式；MME 与 HSS 之间的 S6a 接口，存在跨省漫游以及国际漫游的需求，应采用准直联方式。

多种 Diameter 信令应用可共用 DRA，例如一套 DRA 可同时负责 S6a 接口和 Cx 接口的 Diameter 信令路由；也可以采用不同的 DRA 分别负责不同的 Diameter 信令业务，例如单独建设用于实时计费的 Gy 接口和 Ro 接口的 DRA，专门负责计费消息的转发。

（3）Diameter 信令网等级架构

根据网络规模，国内 Diameter 信令网可采用二级架构、纯三级架构、准三级架构，以及二三级混合架构，如图 4-8 所示。

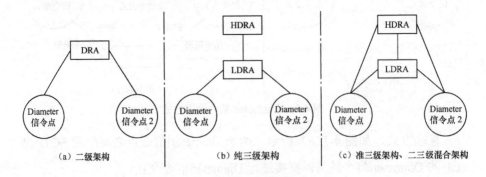

（a）二级架构　　　　　　（b）纯三级架构　　　　（c）准三级架构、二三级混合架构

图 4-8　Diameter 信令网等级架构

二级架构，如图 4-8（a）所示，Diameter 信令网由 Diameter 信令点和 DRA 两级组成，Diameter 信令点将所有 Diameter 信令均送至所归属的 DRA，并

负责 Diameter 信令处理；DRA 负责根据 Diameter 信令转发。DRA 可按省或全国大区集中设置。

纯三级架构，如图 4-8（b）所示，Diameter 信令网由 Diameter 信令点、LDRA、HDRA 三级组成，第一级为 HDRA，负责省际 Diameter 信令消息的转发，HDRA 可按省或全国大区集中设置；第二级为 LDRA，负责省内 Diameter 信令消息的转发，并负责将省际 Diameter 信令消息转发至所归属 HDRA，LDRA 可按省或省内区域中心集中设置；第三级为 Diameter 信令点，将所有省内和省际 Diameter 信令均送至所归属的 LDRA，并负责 Diameter 信令处理。

准三级架构，如图 4-8（c）所示，Diameter 信令网由 Diameter 信令点、LDRA、HDRA 三级组成，第一级为 HDRA，负责省际 Diameter 信令消息的转发，HDRA 可按省或全国大区集中设置；第二级为 LDRA，负责省内 Diameter 信令消息的转发，并负责将省际 Diameter 信令消息转发至所归属 HDRA，LDRA 可按省或省内区域中心集中设置；第三级为 Diameter 信令点，将所有省内 Diameter 信令均送至所归属的 LDRA，将所有省际 Diameter 信令均送至所归属的 HDRA，并负责 Diameter 信令处理。

二三级混合架构，是二级架构和三级架构的混合，如图 4-8（c）所示，Diameter 信令网由 Diameter 信令点、LDRA、HDRA 三级组成，第一级为 HDRA，可按省或全国大区集中设置；第二级为 LDRA，可按省或省内区域中心集中设置；第三级为 Diameter 信令点，对于部分 Diameter 信令业务采用二级架构，对于部分 Diameter 信令业务采用三级架构；例如所有 S6a 接口的省内和省际 Diameter 信令均送至所归属的 HDRA，所有 Cx 接口的省内和省际 Diameter 信令均送至所归属的 LDRA，HDRA 负责 S6a 接口所有省内省际信令的转发以及 Cx 接口所有省际信令的转发。

（4）DRA 之间的网络组织

3GPP 在诸多关键接口采用了 Diameter 协议，完成与 No.7 信令同等重要的网络控制功能，因此，Diameter 信令网的安全可靠性要求与 No.7 信令网基本相同。

二级架构中的 DRA、三级架构中的 HDRA 和 LDRA 均应成对设置。同一层级 DRA 之间的网络组织存在以下两种方案。

方案一：双平面组网，同一平面内的 DRA 间网状相连，成对 DRA 分属于两个平面，其间设置 C 链路，如图 4-9 所示。Diameter 信令点与一对归属 DRA 相连，正常情况下 Diameter 信令点将信令消息负荷分担地发送至一对 DRA，在 DRA 所属平面内转接，仅在链路或节点故障情况下经 C 链路倒换至另一平面。

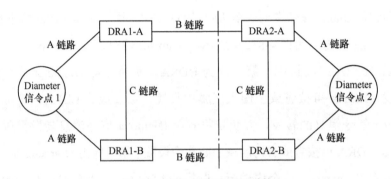

图 4-9　DRA 双平面组网结构

方案二：网状组网，每个 DRA 与网内其他 DRA 均相连，如图 4-10 所示。Diameter 信令点与两个归属 DRA 相连，正常情况下 Diameter 信令点将信令消息负荷分担地发送至两个 DRA，信令消息负荷分担地发送至对端的两个 DRA，在链路或节点故障情况下经归属 DRA 间的链路倒换至另一 DRA。

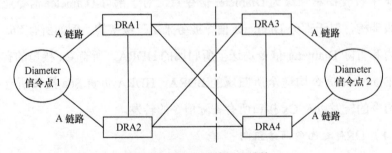

图 4-10　DRA 网状相连结构

（5）支持 VoLTE 业务的 LDRA 网络组织

在 VoLTE 用户的 IMS APN 承载建立阶段，P-GW/PCEF 需要调用 PCC

流程，由 LDRA 负责在一组负荷分担的 PCRF 中为 P-GW/PCEF 选择 1 个 PCRF，转发本次会话的 Gx 接口信令。对于此 VoLTE 用户的语音业务主叫和被叫业务，VoLTE SBC/P-CSCF 需发起 Rx 接口信令，通知此 VoLTE 用户的 PCRF 为用户建立 LTE/EPC 专用承载；因此，需要 LDRA 能够正确地寻址到对应的 PCRF，如图 4-11 中的步骤③。

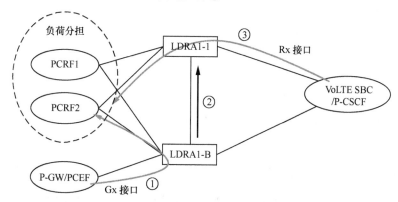

图 4-11　LDRA 对于 VoLTE 业务的 Gx、Rx 接口会话绑定示意

因此，为满足 VoLTE 的业务需求，Diameter 信令组网需满足如下要求：① 配对的 2 个 LDRA 之间应能够同步 VoLTE 用户 IP 地址与 PCRF 的绑定信息；② 负责同一片区 VoLTE 业务的 P-GW/PCEF、PCRF、VoLTE SBC/P-CSCF 必须接入同一对 LDRA。

思 考 题

1. TDM 承载 No.7 信令的分层结构及各功能级结构的主要功能是什么？

2. 我国 TDM 承载 No.7 信令网拓扑结构是什么？

3. SIGTRAN 的协议结构是什么？

4. No.7 信令网信令传送方式分为哪几种？

5. H.248 信令的基本功能和应用场合。

6. BICC 信令的基本功能和应用场合。

7. SIP 信令的基本功能和应用场合。

8. SIP-T 与 SIP-I 信令的主要区别是什么？

9. Diameter 信令为何便于从单纯的 AAA 应用扩展到移动通信网信令应用？

10. Diameter 信令的传送方式有哪几种？

第5章
智 能 网

5.1 概 述

　　智能网是在原有通信网络基础上为提供新业务而设置的附加网络结构。其目的在于使电信经营者能经济有效地快速提供用户所需的各类电信新业务。其基本特点是将呼叫控制和业务控制分离，即交换机只完成基本的呼叫控制功能，在电信网中设置一些新功能节点来完成业务控制功能，智能业务由这些功能节点协同网中的交换机共同完成。

　　智能网是以业务控制点（SCP）为核心的网络，其迭加在原有通信网基础上，将业务控制功能从交换机中分离出来，由业务控制点（SCP）来实现，交换机只需完成基本的呼叫控制，SCP 则完成业务逻辑分析和处理。典型的智能网由业务交换点（SSP）、智能外设（IP）、业务控制点（SCP）、业务管理点（SMP）、业务数据点（SDP）、业务生成环境（SCE）等节点组成。各节点的功能如下。

　　SSP：主要实现业务交换功能（SSF）和呼叫连接功能（CCF），完成对智能网业务的触发，并根据 SCP 的指令完成对智能网业务的接线控制和计费，具有呼叫控制功能、业务交换功能以及检测用户智能网业务请求、与 SCP

进行通信的功能。

SCP：主要实现业务控制功能（SCF），通过 SSP 发出的指令，完成对智能网业务接续和计费的控制。当 SCP 与 SDP（ISDP）合设时，可以直接含有用户数据，具有业务控制功能、业务数据功能。提供智能网业务的业务逻辑程序。

SDP：主要实现业务数据功能（SDF），在 SCP 的控制下为业务逻辑程序提供各项业务数据。

IP：主要实现专用资源功能（SRF）。在 SCP 的控制下提供业务逻辑程序所指定的专用资源，用来实现与用户的交互，如 DTMF 接收器、录音通知设备等。

SMP：主要实现业务管理功能（SMF），具有业务管理、网络管理和接入管理功能。业务管理功能包括业务配置管理、业务数据和用户数据的管理、对业务的测量和统计管理、业务运行中的故障监视管理及计费管理等，可将业务执行逻辑程序及业务数据加载到 SCP，将业务触发信息加载到 SSP。

SMAP：主要实现业务管理接入功能（SMAF），为用户提供接入到 SMP 的能力，用户可通过 SMAP 对智能网中的业务进行管理，SMAP 完成接入、数据输入和初始数据鉴权的功能。

SCE：主要实现业务生成环境功能（SCEF），用于开发、生成和测试所提供的业务和 SIB，并将生成的业务输入到 SMP 中。

5.2　固定智能网

5.2.1　固定智能网的体系架构及接口协议

5.2.1.1　固定智能网的体系结构

固定智能网由业务交换点（SSP）、智能外设（IP）、业务控制点（SCP）、业务管理点（SMP）、业务数据点（SDP）、业务生成环境（SCEP）等节点组成，体系结构如图 5-1 所示。SCP 通过 No.7 信令网与 SSP、IP 相连，通过 X.25 或 DDN 与 SMP 相连。业务数据功能可集成在业务 SCP 中，也可单独设置为 SDP。SMAP 是 SMP 的管理接入点。用户通过端局直接或经汇接局接入 SSP。

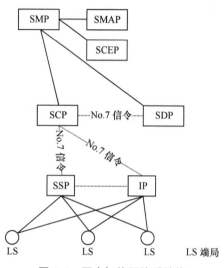

图 5-1　固定智能网体系结构

5.2.1.2　固定智能网接口协议

固定智能网在 SSP 及 IP 与 SCP 间、SSP 与 IP 间及 SCP 与 SDP 间采用智能网应用协议（INAP），该协议是在以事务处理能力应用部分（TCAP）和信令连接控制部分（SCCP）为基础的 No.7 信令网上传送的。INAP 定义了智能网各个功能实体间的应用层接口协议、操作（消息流）以及各功能实体接受 INAP 信息后必须遵守的操作过程。ITU 已定义的 INAP 建议有 Q.1218 和 Q.1228，分别对应智能网 CS-1 和 CS-2。Q.1218 定义了 SSF-SCF、SCF-SDF、SCF-SRF、SRF-SSF 之间的接口协议。Q.1228 扩展了 Q.1218（但保持向下兼容），并增加了 SCF 与 SCF 之间的通信协议。图 5-2 为固定智能网传送 INAP 的物理实体。

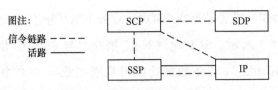

图 5-2 传送 INAP 的物理实体

5.2.2 固定智能网发展现状及后续演进

固定智能网从 20 世纪 90 年代初在通信网中引入，为用户提供了多种增值业务，如记账卡呼叫业务、被叫集中付费业务、虚拟专用网业务、个人通信业务、电子投票业务、大众呼叫业务、广域的集中交换机业务、广告业务、号码携带业务等，为运营商带来了丰厚的收益。

但由于固定智能网采用的是叠加网的结构，用户通过端局接入 SSP 触发智能网业务，因此一般只能采用接入码（如 300、800）方式触发业务，而通过用户特性来触发智能网业务则比较困难。为了解决固定智能网通过用户特性来触发智能网的问题，我国的固定网近年来进行了智能化改造。

固定网智能化改造借鉴了移动网的经验，在本地网中设置集中的用户数据库（相当于移动网中的归属位置寄存器），对用户数据集中管理，并在每次呼叫接续前增加用户业务属性查询机制，使网络实现对用户签约智能网业务的自动识别和自动触发。集中的用户数据库可将原来分散在网中各交换机本地数据库中的用户数据集中存储，包括用户的逻辑号码、地址号码、业务接入码及用户增值业务签约信息等数据。

从技术标准研究进展来看，固定智能网在结构及功能方面不再更新，随着移动与固定网的融合及 IMS 的引入，一些智能网业务将通过 IMS 网络中的应用服务器来提供，一些智能网业务则仍通过智能网与 IMS 网络的配合实现。

5.3 移动智能网

5.3.1 移动智能网的体系架构

移动智能网与固定智能网类似，也将呼叫控制和业务控制功能分离，通过集中的业务控制、业务数据、业务管理和业务生成体系，快速、方便、灵活、经济、有效地生成和实现各种新业务。另外，采用模块化的功能实体之间的标准、开放的协议接口，实现了不同厂商设备之间的互通。

根据移动智能网所服务的移动通信网络不同，可分为 GSM 智能网和 CDMA 智能网，均包括 2G 和 3G 网络。无论是 GSM 移动智能网或者无线智能网，体系结构是相同的，即采用以 SCP 为核心的体系结构，由 SCE 完成业务的生成和加载，SSP 完成业务触发，SCP 完成业务控制，SMP 和 SMAP 完成业务管理，而 HLR/SDP/VC/IP 则辅助完成业务的执行，如提供用户状态、位置、充值卡等信息，提供放音收号等专用资源功能。

5.3.1.1 GSM 智能网功能结构

GSM 智能网采用 CAMEL（Customised Applications for Mobile Network Enhanced Logic，移动网络增强的客户化应用逻辑）协议，其功能结构如图 5-3 所示。

GSM 智能网在 GSM 网络中增加了几个功能实体：gsmSSF（业务交换功能）、gsmSRF（专用资源功能）、gsmSCF（业务控制功能）、gsmSMF（业务管理功能）、gsmSCE（业务生成环境）。其中 gsmSCF 与 gsmSSF、gsmSRF 间采用基于 No.7 信令的 CAP（CAMEL Application Part）协议接口，CAP 是 CAMEL 的应用部分，来源于智能网的 INAP；其他网元间的接口协议采用 MAP。SMP 与 SCE 间、SMP 与 SCP 间采用数据链路互联，采用厂商内部的通信协议。

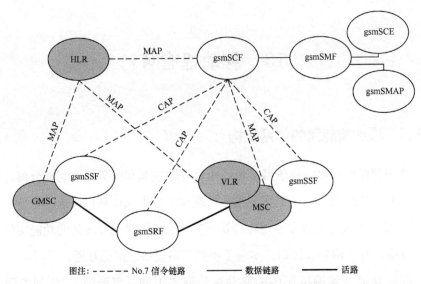

图注：－－－－ No.7 信令链路 ──── 数据链路 ──── 话路

图 5-3 基于 CAMEL 体系结构的智能网功能结构

5.3.1.2 CDMA 智能网功能结构

CDMA 智能网采用 MAP，一般称为无线智能网（Wireless Intelligent Network，WIN）。其功能结构如图 5-4 所示。

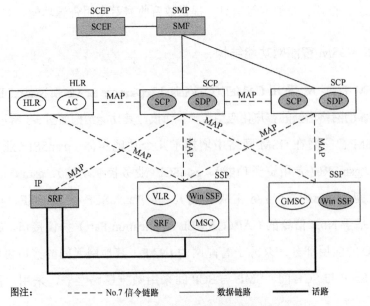

图注： －－－－ No.7 信令链路 ──── 数据链路 ──── 话路

图 5-4 基于 WIN 体系结构的智能网功能结构

CDMA 智能网与 GSM 智能网类似，在 CDMA 网络增加了 SSP、SCP、IP、SMP、SCEP 等节点，其中 SCP 与 SSP、IP 间采用基于 No.7 信令的 MAP 接口。SMP 与 SCE 间、SMP 与 SCP 间采用数据链路互联，采用厂商内部的通信协议。

5.3.2　移动智能网的发展及演进

5.3.2.1　GSM 智能网的发展

GSM 智能网是采用 CAMEL 体系为 GSM 用户提供智能网业务的，CAMEL 标准经历了 CAMEL 1、CAMEL 2、CAMEL 3、CAMEL 4 共 4 个阶段。其中 CAMEL1 和 CAMEL2 均基于 GSM 网络或 3G 电路域提供智能网业务，即主要提供电路型智能网业务；CAMEL3 在前 2 个阶段的基础上，增加了提供基于 GPRS 网及短消息中心的智能网业务能力，即数据型智能网业务；CAMEL4 则基于 IMS 提供智能网业务，即可提供综合语音和数据的多媒体型智能网业务。

CAMEL1 阶段所提供的功能很少，主要完成基本的主被叫通话业务，而 CAMEL2 和 CAMEL3 则为 GSM 用户提供了丰富的业务和功能。CAMEL2 阶段能根据主叫用户、被叫用户的签约信息触发业务，SCP 能与 HLR 通信对用户状态和位置进行实时的查询，能通知 SCP 关于补充业务的调用等，但主要是针对语音呼叫业务提供智能网服务。

CAMEL3 阶段，可基于分组数据业务及短消息业务请求触发智能网业务，与 MSC、SGSN 综合设置的 SSP 能检测移动用户发送短消息或申请 PDP 连接的智能网业务，并触发业务至 SCP。

目前国内 GSM 智能网主要采用 CAMEL2 协议。

5.3.2.2　CDMA 智能网的发展

无线智能网的规范是由美国电信工业协会 / 电子工业协会（TIA/EIA）

负责制订，基于 ITU-T 的 CS2，通过在 CDMA 网中引入智能网功能，为用户提供多种业务。WIN 标准是基于业务制订的，即在 WIN 的每个阶段的规范中，都是先提出需要提供的业务，然后再根据这几种业务定义网络实体、消息流以及智能网的能力。无线智能网的协议是对原有的 ANSI41 协议的补充，没有单独制订规范。

无线智能网 WIN 的发展经历了阶段一（预付费业务阶段）和阶段二。WIN 阶段一的标准已在 2000 年年初公布，WIN 阶段二在 2000 年 12 月公布。

5.3.2.3 移动智能网的演进

从技术标准发展来看，移动智能网架构不再有新的变化，随着 3G 技术的发展，对智能网业务能力增加了新的需求。随着 IMS 的引入，移动与固定网络的融合，智能网业务可通过 IMS 网络来提供，智能网将逐渐演进为与 IMS 架构中的应用服务器融合。在过渡阶段，部分智能网业务将通过智能网与 IMS 网络的配合来实现。

思 考 题

1. 简述智能网的基本概念。

2. 智能网体系结构中主要有哪些网元？

3. GSM 移动智能网内主要有哪些接口协议，CAMEL 协议经过了哪几个阶段的发展，目前主要应用的是哪个阶段的协议？

4. CDMA 智能网内主要有哪些接口协议？

第 6 章
同 步 网

同步网是在数字通信网中，为保证各数字网元具有相同的时钟频率或时间基准，而将时钟频率信号或时间基准信号进行获取、传递、分配的网络。

同步网分为时钟同步网（频率同步）和时间同步网（时间同步）两类。

6.1 时钟同步网

6.1.1 概述

同步的含义是使通信网内运行的所有数字设备工作在一个相同的平均速率上。如果发送设备的时钟频率快于接收设备的时钟频率，接收端就会周期性地丢失一些送给它的信息，这种信息丢失称为漏读滑动；如果接收端的时钟频率快于发送端的时钟频率，接收端就会周期性地重读一些送给它的信息，这种信息重读称为重读滑动。

各类有 TDM 电路的业务网元，均需引接时钟同步信号。数字通信网内的信息传送需要设备之间保持时钟同步，即发送端和接收端的工作频率或相位在相对应的有效瞬间内以同一平均速率出现，以保证发送端的信息可以被接收端准确接收。时钟同步网采用频率或相位控制的方法为数字通信网提供精确的定时，避免数字信号产生滑动，主要有以下几方面作用。

（1）解决节点间由于频差和过量漂动引起的滑帧和 64kbit/s 的滑码，实现网络各节点的同步；

（2）限制指针调整频次，实现同步数字系统（SDH）节点的同步；

（3）满足一些对定时同步有特殊需要的操作，如对相位敏感的宽带视频业务，精密仪表的测量基准源等。

6.1.2　时钟同步网网络结构

时钟同步网采用分布式多基准钟的组网方式。以省、自治区、直辖市划分同步区，每个同步区设立区域性基准钟 LPR。为保证同步网安全可靠性，全网范围内设立若干套全网基准钟 PRC，为全网提供保障性同步基准。

在卫星定时系统可用的正常情况下，区域基准钟 LPR 的主用基准来源为卫星定时系统，备用基准来自 PRC；卫星定时系统不可用时，LPR 同步于PRC。

时钟同步网节点分为三级。一级节点采用一级基准时钟，二级节点采用二级时钟，三级节点采用三级时钟（也可采用二级时钟）。各级同步节点设置于处于同步基准分配网络中不同等级地位的通信楼内。各级节点的职能为锁定跟踪同步基准信号，为下级同步节点以及本节点所在通信楼内通信业务网元提供同步基准的分配，如图 6-1 所示。

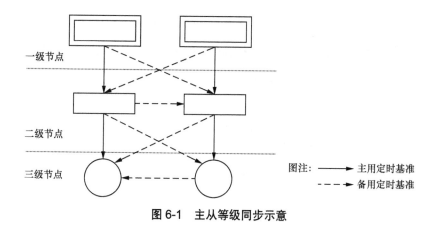

图 6-1 主从等级同步示意

6.1.3 时钟同步网的节点设置及时钟等级

6.1.3.1 节点设置

（1）一级基准时钟

一级基准时钟分为全网基准钟（PRC）和区域基准钟（LPR）。

全网基准钟 PRC 是全网同步基准的根本保障。

区域基准钟既能接收卫星定位系统的同步，也能同步于 PRC。LPR 是各同步区（各省）的同步基准源。

PRC 应设置在省际传送层枢纽节点所在的通信楼内，LPR 应设置在省际传送层与省内传送层交汇节点所在的通信楼内。

（2）二级节点时钟 SSU-T

二级节点时钟的内部钟应采用铷原子钟。

二级节点时钟是各地市接收 LPR 同步基准源的同步节点。

二级节点时钟设置地点选择在省内传送层与本地传送层交汇节点所在的通信楼内。

（3）三级节点时钟 SSU-L

三级节点时钟的内部钟至少是高稳晶体钟，当条件允许时，也可采用铷原子钟。

三级节点时钟宜设置在本地网端局以及传送层汇聚节点处所在通信楼。

时钟同步网网络结构如图 6-2 所示。

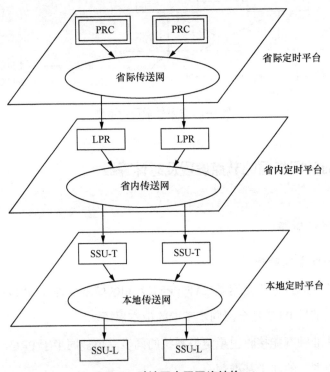

图 6-2　时钟同步网网络结构

6.1.3.2　时钟等级

一级节点设置一级基准时钟，包括 PRC 和 LPR。PRC 由自主运行的铯原子钟组组成，或由铯原子钟组与卫星接收系统（GPS 和 GPS/ 北斗双星接收系统）组成。LPR 由卫星接收系统（GPS 和 GPS/ 北斗双星接收系统）和铷原子钟组成。一级基准时钟频率准确度优于 $\pm3\times10^{-12}$。

二级节点设置二级节点时钟。由铷原子钟组成，频率准确度优于 $\pm1.6\times10^{-8}$。

三级节点设置三级节点时钟，由晶体钟或高稳晶体钟组成，频率准确度优于 $\pm4.6\times10^{-6}$。当条件允许时，三级节点时钟也可使用铷原子钟。

6.1.3.3　时钟原设备

铯钟：精度一般优于 1×10^{-12}，短期稳定度较好。

卫星系统：包括 GPS 卫星系统（美国）、GLONASS 卫星系统（俄罗斯）、北斗卫星系统（中国）、伽利略卫星系统（欧洲），精度一般优于 $\pm 1 \times 10^{-12}$，长期稳定度较好。其中北斗卫星系统已发展为第二代低轨道卫星系统，初期覆盖我国全境，最终达到全球覆盖，作为 GPS 的替代系统，可极大提升通信网的战略安全性。

铷钟：精度一般优于 $\pm 1 \times 10^{-10}$，作为二级钟使用。

高稳晶体钟：精度一般优于 $\pm 1 \times 10^{-9}$，也可作为二级钟使用。

晶体钟：精度优于 $\pm 4.6 \times 10^{-6}$，作为三级钟使用，广泛存在于电子设备内。

6.1.4　定时信号传送

可用于传递同步定时的传送技术有 PDH 传送技术、SDH 传送技术、同步以太传送技术和波分传送技术。几种传送技术的设备间，既可以各自形成相互独立的定时链路，也可以多种技术的设备串联形成一条定时链路。在串联连接点，各种传送技术的设备间，SSM 信息应可完成格式变换和互通。

现阶段主要采用 SDH 传送方式，在 PTN/OTN 上采用同步以太网传送技术。

6.2　时间同步网

6.2.1　概述

通信网内的每个设备均保存着时间信息（年月日时分秒），全球采用统一的"世界时"，但是，由于各个通信设备内部时钟的质量存在着差异，在不采用时间同步技术的情况下，通信网内各设备之间会存在一定的时间偏差，经过长期运行，各设备之间的时间偏差会进一步积累，从而导致通信网设备之间产生较为严重的时间失步。

需要时间同步的通信网网元主要有核心网网元、网管系统、业务平台、3G 基站等，需要时间同步的网元获得时间同步信息后，通过协议控制，进行自我调控设备内部时间，每隔一段时间周期性地获取时间同步信息，保证自身的时间与时间同步服务器的基准时间保持一致。

通信网内各网元的时间同步，并不是要求各网元的时间完全与统一标准时钟对齐。只有在本网元的时间与统一标准时钟的时间偏差达到一定程度的情况下，才需要网元调整时间。

通信网设备之间发生严重的时间失步后，会对网络运营产生一定的影响，主要有以下几个方面。

（1）计费系统产生偏差。通信网元、计费系统之间存在较大的时间偏差时，会导致计费错误，导致计费话单不准确，影响用户体验。

（2）信令监测系统无法工作。信息监测系统依据利用各网元上报的带时间戳的信令记录，来分析网元的运行情况和运行流程，故障排查等，如果各网元上报信息的时间戳不准确，会导致信令监测系统分析错误。

（3）网管统计出现偏差。网管系统根据各网元设备产生的原始网管数据生成全网的统计报表，若各网元的时间存在较大偏差，则会影响网管统计数据的准确性。

（4）3G 基站网元切换失败。TD-SCDMA 及 TD-LTE 基站对时间同步要求很高，基站间的时间偏差超过范围会导致跨基站切换失败。

（5）新业务无法运营。一些新业务，如位置定位、电子商务等，均对系统设备间的时间差提出较高要求，如果时间偏差不能满足要求，这类系统的运营时会产生较多错误。

为了解决上述问题，需要通信网实现全网的时间同步。将通信网中的所有设备的时间信息（年月日时分秒）基于国际标准时间（协调世界时 UTC）

进行调整，这种同步过程就是时间同步。

6.2.2 时间同步网的基本结构

时间同步网由时间源、时间同步服务器、时间分配链路以及需要时间同步的网元组成。时间同步网的基本结构示意如图 6-3 所示。

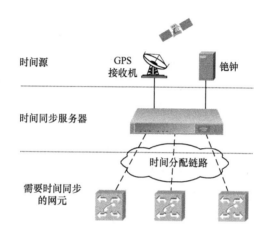

图 6-3 时间同步网基本结构示意

6.2.2.1 时间同步的基本过程

时间同步服务器从时间源获得高精度时间信息，高等级的时间同步服务器将时间信息传送至低等级的时间同步服务器。根据不同的时间精度要求，时间同步服务器采用不同的传送手段将时间信息传送至需要时间同步的网元。需要时间同步的网元通过适当的方式获得时间同步信息，并自我调控设备内部时间。

6.2.2.2 时间源

时间同步网需要高精度的时间源，通常选用卫星时间源作为基准时间源，包括 GPS 卫星系统、北斗卫星系统等。当卫星系统不可用时，采用铯钟组作为高精度的守时频率，使时间同步设备可以精确地进行走时。时间源的时间精度通常要求为纳秒级。

6.2.2.3　时间同步服务器

时间同步服务器从时间源获得高精度时间信息后，通过时间分配网络将时间信息传送给需要时间同步的网元。

根据时间同步网的网络规模，时间同步服务器可以分级设置。一级的时间同步服务器直接连接时间源，并通过时间分配网络将时间信息传送至二级的时间同步服务器。由各级时间同步服务器均可将时间信息传送给需要时间同步的网元。

6.2.2.4　时间同步信息的传送

时间同步信息的传送方式是影响时间同步获取精度的主要因素，不同的协议、不同的传送方式，到达需求网元时的时间同步精度大不相同。时间同步信息通过相应的协议，在传输媒质上进行传送。主要有两种方式。

方式一：局内直接连接，这种方式涉及的协议包括 IRIG-B 或 DCLS 协议，通过双绞线连接，传送距离较短，仅适合局内设备间的传送。

1PPS（秒脉冲），通过同轴电缆进行传送，适用于局内设备互联。

方式二：通过调制信号及相应协议进行远距离传送，涉及的协议包括 ACTS 协议，通过电话线 Modem 拨号的方式进行远距离传送。

NTP，通过互联网络，以 NTP 在 IP 网上进行传送，以服务器 / 客户端的方式进行时间获取，是低精度时间同步的主要传送方式，可以满足精度在百毫秒级的时间同步需求。

PTP，通过互联网络，以 1588v2 协议在 IP 网、PTN、OTN 上进行传送，可以达到较高的时间传送精度，用于解决精度在微秒 I 级的时间同步需求。

各种传送方式的连接形式、传送距离、传送精度、适用范围见表 6-1。

表 6-1　各类时间传送方式的性能比较

种类	连接形式	传输距离	相对准确度	适用范围
IRIG-B DCLS	双绞线或同轴电缆	1.2km	10～100μs	楼内近距离设备
NTP	公用因特网、专用 TCP/IP 网	无限制	100～1000ms	广域网
		无限制	10～100ms	城域网
		无限制	200μs～10ms	局域网
		100m 左右	10～200μs	两节点 LAN
ACTS	电话线	无限制（需补偿传输时延）	10～100ms	远距离设备
1PPS	同轴电缆	100m 左右	100ns 量级	测试用或楼内近距离设备
串行口 ASCII 字符串	双绞线	100m 左右	10～100ms	楼内近距离设备
PTP 1588v2	公用因特网、专用 TCP/IP 网	无限制	1μs	城域网

思 考 题

1. 时钟同步网的作用是什么，同步性能劣化会导致什么问题？

2. 时钟同步网的网络结构分哪几个层级，各层级对应的节点如何设置？

3. 节点时钟分为哪几级，各级精度要求是什么，对应的设备都有哪些？

4. 时间同步的作用是什么，哪些网元需要时间同步？

5. 时间同步网的基本结构是什么？

6. 时间传送协议都有哪些，各自的传送精度是什么？

参 考 文 献

[1] 3GPP TS 23.060. General Packet Radio Service (GPRS) Service description; Stage 2 [S]

[2] 3GPP TS 23.203. Policy and Charging Control Architecture [S]

[3] 3GPP TS 23.216. Single Radio Voice Call Continuity (SRVCC); Stage 2 [S]

[4] 3GPP TS 23.221. Architectural requirements [S]

[5] 3GPP TS 23.228. IP Multimedia Subsystem (IMS); Stage 2 [S]

[6] 3GPP TS 23.272. Circuit Switched (CS) fallback in Evolved Packet Syetem (EPS); Stage 2 [S]

[7] 3GPP TS 23.882. 3GPP system architecture evolution (SAE), Report on technical options and conclusions [S]

[8] 3GPP TS 24.302. Access to the Evolved Packet Core (EPC) via non-3GPP access networks; Stage 3 [S]

[9] 3GPP TS100522. Digital cellular telecommunications system (Phase 2+); Network architecture [S]

[10] 3GPP TR 29.909. Diameter-based protocols usage and recommendations in 3GPP [S]

[11] IETF RFC 6733. Diameter Base Protocol [S]

[12] YDC 045-2007. 基于软交换的网络组网总体技术要求[S]

[13] YDN 065-1997. 邮电部电话交换设备总技术规范书[S]

[14] YD/T1704-2007. 公用交换电话网（PSTN）网络智能化总体技术要求[S]

[15] YD/T 1434-2006. 软交换设备总体技术要求[S]

[16] YD/T 1388-2005. 基于软交换的业务技术要求[S]

[17] YDN 088-1998. 自动交换电话（数字）网技术体制[S]

[18] YD/T 5104-2005. 900/1800MHz TDMA数字蜂窝移动通信网工程设计规范[S]

[19] YD/T 2022-2009. 时间同步设备技术要求[S]

[20] YD/T 1012 1999. 数字同步网节点时钟系列及其定时特性[S]

[21] YDN117-1999. 数字同步网的规划方法和组织原则[S]

[22] 毛京丽. 现代通信新技术[M]. 北京：北京邮电大学出版社，2008

[23] 廖建新. 移动智能网[M]. 北京：北京邮电大学出版社，2007

[24] 胡乐明，曹磊，陈洁. IMS技术原理及应用[M]. 北京：电子工业出版社，2006

[25] 通信工程新技术实用手册（交换技术分册）[M]. 北京：北京邮电大学出版社，2002

[26] 姜怡华，许慕鸿，习建德，等. 3GPP系统架构演进（SAE）原理与设计（第2版）[M]. 北京：人民邮电出版社，2012

[27] 杨大成，等. cdma2000 1x移动通信系统[M]. 北京：机械工业出版社，2003

[28] 张智江，刘申建，顾旻霞，等. cdma2000 1x EV-DO网络技术[M]. 北京：机械工业出版社，2005